U0165357

管理者的自我變革

Manager's Self-Transformation

從
到

協助職場工作者少走冤枉路

蛻變成長

從
到

解析管理者當前困境

提供解方

推薦序 1

學管理，不是為了當主管
是為了讓人生少走一些坎坷路

■ 周爾思
薪傳國際管理顧問有限公司 執行長

生活在這個世代，能不踏入職場的人少之又少。如果以六十五歲做為退休年齡來計算，多數人平均至少會有三十年的職場歲月。而這三十年的職場生涯，其影響力足以擴及我們的一生。

我們投身職場，談理想、談抱負，似乎都太遙遠。「馬斯洛需求層次理論（Maslow's hierarchy of needs）」說得更貼近事實：為了求生存。唯有活得夠好，才有機會去談理想、談抱負，走向屬於「自我實現（Self-actualization）」的層次。然而，職場就是一個「社會交換理論（Social Exchange Theory）」的實踐場域，簡言之就是：**用付出，換報酬**。我們的時間、勞力、技術、能力、情感、創意、…，都是用來交換報酬的籌碼。只是，同樣都是在付出，為何有些人就能換得更多，有些人卻換來得更少？其核心關鍵，就在「管理」。

管理學的教科書版本多如牛毛，但大多是如此描述「管理」的定義：「管理是指透過一系列的活動或過程，善用組織資源，以有效率與效能的方式達成組織的任務或目標。也就是說，管理是組織為使其成員能有效建構一個協調與和諧的工作環境，並藉以達成組織任務或目標所從事各種活動的過程。」這個定義讓大多數人直覺地認為「管理」就是運用在企業組織上的一套方法，只要沒有當上主管或是沒有創業當老闆，就以為沒有學習「管理」的必要。

但是，如果我們把關注的焦點多放一些在「組織」這二個字上的話，就會發現可以稱為「組織」的不是只有企業。從社會學的角度看，社團、家庭也是組織，從生物學的角度來看，動物、植物也都是生物組織，這其中當然也包括「人」。也就是說「管理」的應用範圍並非侷限於企業內，也可運用在家庭、個人、人際關係。試想，一個人如果連自己都管不好、無法提升自我，那就只能停留在求生存的層次，哪能談什麼人生理想？就算是含著金湯匙出生，最終坐吃山空、走到窮途末路者也是大有人在。而當我懂得從更多面向去應用「管理」的時候，逐漸地感受到生活的紛擾確實比過往少了；「自律」也並沒有那麼難了，還愈來愈能感受到隱藏在「自律」背後的「自在」。如果這算是一種「開竅」的話，那就是來自於本書作者金宏明老師的啟發。

與金老師結識在數十年前的培訓課程，當時我是課程督導兼承辦人，同時也是聽課的學員。說到金老師的授課，那是一種趨

近於沉浸式體驗（Immersive Experience）的場景，明明是解說某個學理，但引用的案例就像是在自己職場周遭一幕幕上演的日常，當學員能體會了，自然就學到了，也深刻難忘了，這是金老師講課的魅力，也是讓學員可以滿載而歸的關鍵。由於身為課程承辦人的角色，從課程的邀約、課程主題內容的會議討論、課後的回饋與檢討會議，有更多的機會與老師互動，也能觀察到在課堂之外的老師，最深刻的感受就是：**這是一位可以信賴、言行一致的老師**。

就在一次會議討論後的閒談當中，聊到有段時間很多朋友下載紀錄日常花費的理財 App，我也跟著下載來紀錄自己日常的花費，竟發現自己最大的花費在醫療，足足比餐飲還多了二倍有餘，有一種「賺錢都在買藥吃」自怨自艾的沮喪。但金老師聽完了卻告訴我說：「妳要慶幸自己有能力負擔這樣的醫療支出，而且幸運的是妳的問題是可以透過醫療治癒或控制的。」然後還分享自己藉由踩飛輪的同時，把平板置於飛輪前追劇，如此便可輕鬆地讓自己至少踩完 45 分鐘的飛輪，不僅鍛鍊體能、保持健康，還同時兼具了娛樂。就是這麼短短的一段談話，已涵蓋了情緒、激勵、溝通的管理應用：首先，我受到激勵了，我能夠負擔得起相對高額的醫療，完全來自於自己在職場上的努力成果；接著，也被提醒到了，我可以讓自己毋須陷入沮喪的情緒循環；最後，還被提點到了，老師在簡短的溝通當中，分享具體可行的方法做為參考。這一次的談話，讓我突破一直以來被自己侷限的框架。

確實，透過管理，可以讓我們生活得更好。那麼…誰才是管理者呢？是主管嗎？並不完全是，因為**我們每一個人都可以是自己的管理者**。隨著網路與科技快速的發展，我們所面臨的環境瞬息萬變，過往熱門的職業很多已被淘汰，現今的熱門職缺未來也不一定會繼續存在，所以**我們每一個人都必須具備自我變革的能力，才能順應時代的變遷，而且也只有當我們成為自己的管理者，才有能力掌控自我變革。**如果你已是主管，《管理者的自我變革》深刻地明白主管當前的處境，同時提供突破困局的解方，讓你能夠成為一個真正的領導者。如果你還不是主管，那麼《管理者的自我變革》能夠讓你知己知彼，瞭解如何與管理者互動，營造一個可以共好共榮的職場環境。

《管理者的自我變革》是作者金宏明與詹麒霖，將累積多年的實務經驗，分享給職場工作者，期望透過自己曾摔過的跤、跌過的坑、過往的慘痛經驗，讓讀到這本書的你可以不再經歷類似的痛；這些透過經驗所累積的好解方，請讀到這本書的你盡情善用、不必客氣。在此分享的同時我們都在學習，因為正如本書所說的：「**唯有學到老，才有能力活到老**」。德不孤，必有鄰，學習的路上我們絕不寂寞，就讓我們一起攜手前進，朝向更好的自己邁進吧！

推薦序 2

職場工作者都應該學習的自我變革

■ 陳政廷 Ben
創識智庫國際有限公司 執行長 /
商業書籍－《優勢創業》作者

我跟金老師已認識多年，我很感謝金老師當年願意手把手地指
導我這個初入社會的年輕人，並且老師不只是教而已，還會以
身作則地為我示範他所堅持的理念，這對我日後在職場上的發
展有著重大的影響，可以說我能夠有今天的成就，能如願成為
一個企業輔導顧問暨講師，金老師可說是功不可沒！

很感恩能有這個機會能拜讀金老師的大作。當我反覆閱讀老師
這本書之後，我真心的認為，此書非常適合推薦給所有為『帶
人』而苦的企業主管們！而且我可以很自信地說，你一定能從
中得到很多反思與啟發！

身為企業主管，除了容易不自覺地陷入日常忙碌的工作漩渦當
中，還經常成為組織中的夾心餅乾，當我們忍不住開口大嘆
『主管難為』之前，不妨回到本質重新思考：

到底管理是什麼？

管理者最核心的任務又是什麼？

我們都認同，企業主管總是忙個不停，但到底什麼事情才是主管真正該投入心力的呢？在此書中，我們可以得到一個很值得主管們深入省思的答案：

企業的根基，在於「人」；而「管理」就是將人與技術「統合」而得以「落實執行」的核心。

金老師用上述一句話，將管理的本質核心交待得清清楚楚！在此書中，你將透過金老師多年來輔導的實務案例故事當中，重新反思主管真正的核心價值，尤其是書中提及的「同理心」，總是讓很多主管知易但行難！你可以從書中的案例與故事當中，重新思考並連結到自己的日常管理作為，我相信很多帶人難題的答案就會自動浮現出來！

只要願意用心感受這本書，我認為此書一定能帶給大家以下寶貴的收穫：

1. 重新理解主管該有的同理心思維，並從書中金老師過往帶領團隊的做法中，連結並應用到你此刻正在帶領的團隊當中。

2. 瞭解自己在擔任企業主管的過程中，需要留意的主觀臆測及管理盲點，只有當我們願意覺察與接受之後，才能讓自己的思維更清晰客觀。

3. 知道如何培養自己的格局與視野，懂得從長遠角度來看待目前情勢。

4. 主管並不需要成為十全十美的完人，更不必妄自菲薄、自我貶損，而是要重新客觀看待自己的缺點與不足，懂得如何將現有的缺點，全數轉換為個人特色。

5. 要懂得善用工作輪調與多元歷練，才能幫助自己往上提升，造就具寬廣的視野與真正的同理心。

6. 幫助主管從日常管理作為當中，知道如何與員工培養起堅實的信賴關係。

7. 每一個致力於成為更優秀的人，都該記在心中的寶貴建言：別太把自己當一回事，而不把他人當一回事。

總結而言，我認為這是一本專門提供給企業主管的自我修鍊指導書，很適合拿來自修與反思，尤其書中還有很多值得深入交流的重點省思，但我個人建議還是留給各位來親自探索，才會得到更多的啟發與學習，而這些收穫，都是外面花錢也不見得能夠學到的寶貴智慧，而現在只要透過這本書，你就可以輕易地得到金老師多年來的實務累積，並且應用在你的管理工作中。

自序一

■ 金宏明

孔子曰：「益者三友，損者三友。友直、友諒、友多聞，益矣。友便辟、友善柔、友便佞，損矣。」這是我個人的中心思想之一，我期許自己要成為一個正直敢言、體恤對方、博學多聞的人，如今我身邊也大多是這樣的友人。

自從我轉職為企業管理顧問兼講師迄今，喜歡我跟討厭我的人，呈現兩個極端。但為何討厭我的人，幾乎都是管理者或創業家，而且位階愈高、年紀愈長就愈明顯呢？

這是因為職位愈高之人，對於面子問題就愈在意，而我就是那個喜歡把窗戶紙給捅破的人。然而不直面問題、不積極處理問題，問題就會自動消失嗎？企業常見的問題解決手法，其中之一就是解決提出問題的人，很可笑，不是嗎？

除非我們勇於直面問題，否則問題永遠不會被解決。

但以前的我，並非是個直言不諱的人。相反的，我是個懂得察言觀色、知道如何說話迎合對方的人。碰到批評我的人，即使我內心很受傷，我還是會假裝沒事，並設法去討好對方，甚至

刻意說謊，只為獲得對方的認同與接納，而這些行為都與我的家庭教育方式有極大的關係。

即使我們都明白父母親對我們的愛是無私的，但彼此的關係卻也是最難被調和的：希望親近彼此，卻總因小事而發生爭執；想要表達關切，卻往往詞不達意、方法錯誤，因為家人間的溝通，往往是不講道理、只論立場的。久而久之，就養成了我有話不敢直說的習性。

出了社會後，我把家庭學到的那套搬到職場上，卻搞得自己灰頭土臉，因為職場上沒有任何一個人必須接受我們的情緒，而這種情緒勒索，是自幼耳濡目染的結果，即使理性上我們都知道這是不正確的，然而過度壓抑後的情緒爆發，只能親手葬送自己的仕途。

多年在職場上的起起伏伏，我始終停留在原地而無法突破。就在我身心俱疲之際，突然間我意識到：原來我自己，就是所有問題的最大公約數。儘管內心世界與實際行為不一致，但為了強撐面子，只能一次又一次地欺騙自己。當我被問到：「我是誰？」，我竟然無法立即回答，長時間活在面具下的我竟然惶恐了，原來我根本沒勇氣去面對滿目瘡痍的自己。

我決心要終結這無止境、無意義的負面循環。於是我尋求了專業心理諮商師，請他擔任我的鏡子，為我仔細地剖析。接著我聽從諮商師的建議，去找我的母親來解開心結。但每次見到母

親，我總會在條件反射下逃離現場，足足逃了三次，但最終我還是鼓起勇氣告訴她，讓她知道從小對我的教育方式，使我變得極度自卑；我出國念書，並不是為了深造，而是為了逃避；服兵役時我選擇從義務役轉成志願役，也不是為了報效國家，而是為了逃避；我搬家不是為了獨立，而是為了逃避；母親對我的關愛，讓我感到窒息，說白了，這種關愛叫做「關在家裡自己愛」。但我的內心很清楚，無論再怎麼逃避，親子關係終究是割捨不掉的。我很愛父母，但我並沒有從他們身上學習到如何正確地去愛，只因為父母親長年的失和與爭吵，成為我心中始終無法跨越的一道坎。

當我把上面的話說完後，我媽整個人都傻了，然後強裝鎮靜地告訴我，她並沒有傷害我的意圖，只是不知道怎麼愛我罷了。就在那一剎那，我整個人都豁然開朗了，原來媽媽之所以如此逞強，只因為她是個極度自卑的人，她也是家庭失和下的犧牲者，但她不知道該如何處理內心的恐慌，只能把自己武裝起來，試圖以此掩飾自卑與不安；想要掌握權力、不希望情況失控，只因為缺乏安全感，所以我愈是想逃離，她就愈使勁地想要抓住我，深怕我會離開她。即使我們的內心都不想傷害對方，然而傷害始終未曾停歇。

當我觀看「知名熱血高校漫畫」2023 年電影版，宮城良田因一時情緒，詛咒哥哥宗太永遠都不要回來卻一語成讖時，這事成了宮城良田心中永遠的悲慟；宮城良田穿上哥哥宗太的球衣，只為了想追隨哥哥的背影，然而看在母親眼裡，這無疑是

觸景傷情的舉動；從沖繩舉家搬遷至神奈川，也只是為了逃離這個充滿痛苦回憶的傷心地；宮城良田也因為無法理解母親、無法克服身材矮小的自卑而墮落為不良少年。最終，宮城良田與母親在海邊彼此和解的那一幕，我的眼淚早已止不住地滑落，這像極了當年我與母親彼此坦露心情的場景。

電影裡有這麼一段敘述，令我感觸良多、久久不能平息：

宮城良田想寫一封信給母親。原本他寫的是：「對不起，活下來的是我。」這是宮城良田的自卑，也是他的自我否定。

但是宮城良田將這張信紙揉成一團扔掉後，接著他改寫成：「或許妳討厭籃球，因為那會讓妳想起宗太；但籃球是讓我活下來的動力，謝謝妳讓我打籃球。」這是宮城良田心態轉變的開始、也是勇於面對內心脆弱的起點。

如果我們沒有勇氣面對自己的問題，不與自己和解，我們又該如何去與他人溝通、和解並建立信賴關係呢？

職場上的道理，其實與家庭關係、人際關係，其核心都是相通的。先跟自己和解，才有可能改變信賴關係，而這正是突破與成長的關鍵。

自此，我的母親不再是一見到我便忍不住地數落我，而是開始誇讚我把自己照顧得很好；回家探望母親對我來說，也不再是一場內心的掙扎。

最明顯的改變，莫過於我從原本的錙銖必較、轉變成為不求回報的模樣。因為我的內心始終存在有「施比受有福」的信念，只是外在的行為早已被世俗、功利、迎合他人期待給蒙蔽了，我的人際關係、職場關係與仕途，也逐漸順遂起來。

正因為我敢把自己看得很透，所以我才能理解很多管理者，其實他們的內心並沒有如同外表上看起來那麼地自信。他們也同我的母親一樣，有著自卑、無助、惶恐的情緒，也期望獲得他人的尊重與愛戴，卻總是用錯了方法、說錯了話，這才衍生出「我罵你，是為了讓你堅強」、「我這都是為你好，所以才對你有了這些安排」、「我這是為了培養你，所以才對你如此嚴格」…等這些冠冕堂皇的話，其實這些都只不過是為了掩飾內心的不安、而給自己找的藉口罷了。

家人間的爭吵，是再稀鬆平常不過的事，因為家人之間不會動不動就揚言要斷絕關係，不會做出背後捅刀的事。但為何職場上的同儕或主從關係，只要一個不順心就鬧離職；管理者一個不順耳，就對部屬挾怨報復呢？

那是因為我們從未把對方視為家人，也從不認為自己有錯，說白了，就是不信任對方；即使部屬做的事或說的話是正確的，但礙於面子與地位問題，管理者不敢、也不能在部屬面前示弱（這像不像我們父母親明知是自己理虧，但礙於面子，只能拿「我是你爸（媽）！」、「天下無不是的父母」這類殺招來壓制我們呢？），道理就是這麼簡單。

建立信賴關係，是我們一輩子的功課

當你相信對方時，對方才有可能相信你；當你率先敞開心扉，對方才有可能對你卸下心防；**你希望別人怎麼對待你，你就應當怎麼對待他人，這是建立信賴關係的唯一心法，沒有之二。**

只要你敢看透自己，就能看穿所有問題的本質，往後你的人際關係、家庭關係、職場關係肯定也能獲得改善，這就是我寫下這本書的初衷。因為**改變並不一定保證未來會更好；但不改變，未來絕對不會更好。**

本書的核心，就是在探討組織內部的信賴關係到底是怎麼丟失的，以及我們又該如何去重建它。

職場上幾乎所有的問題，其根源都與信賴關係有關：每個人都在時刻提防被出賣、被背叛，所以職場上的每個人都不敢說真話，深怕會對將來產生不良的影響；上班一條蟲、下班一條龍，更是多數職場工作者的日常；辦公室八卦之所以如此猖獗，正是因為情緒無處宣洩、不敢相信他人而導致的不良後果。而上述內容，每項都與信賴有著絕對的關係。

在我擔任人力資源主管的資歷裡，透過無數次的離職面談，抽絲剝繭、釐清原因後，個人認為導致員工離職的真實理由有以下幾項：

1. 企業理念與實際做法明顯有出入。
2. 員工無法獲得正確的績效評價，全憑上級個人的喜好與感覺為依據。
3. 上級不尊重專業、外行人說內行話。
4. 朝令夕改、輕諾寡信、說話不算話、口惠而實不至。
5. 上級從不聽取任何意見或建議、獨裁專制、唯我獨尊。
6. 裙帶關係，用人唯親，升遷機會渺茫。
7. 員工人格被羞辱、屢次遭受職權霸凌。
8. 上級不願教導部屬，自己的能力沒機會獲得提升。

上述這八項原因，哪樣與管理者與經營者無關？但為何鮮少有管理者願意面對這些問題，而是選擇自欺欺人呢？

管理能力既然表現得如此低落，為何仍有這麼多企業能存活？

我喜歡拿人的身體健康，來比喻企業體質。

人若生病時，可以透過看醫師、用藥、手術…等方法來治療或調養。企業若生病時，就得看企業內部的管理者如何診斷及治療；但如果企業自身並不具備這項能力時，此刻就得仰賴外部的企業管理顧問來診斷、開藥方。所以自體免疫力與治癒力的強弱，就是管理者存在的意義。

管理能力可視為一種監控健康狀況、並時刻給予調整改善的機制。如果我們的身體出現疲勞現象，我們得先確認是生理上的問題，如感冒、發炎、感染…等，抑或是睡覺時間到了；還是心理上的問題，如倦怠、壓力異常、緊張…等。唯有找到正確的問題，才能對症下藥。

即使只是長期的姿勢不良，也會導致健康問題。如：駝背可能造成呼吸不順、胸悶、消化不良、頭痛、頭暈…等，若不能即時改善矯正，問題將會加劇。

倘若身體如果連續六個月都感到疲勞，但仍不積極尋求改善的話，極大可能會演變為慢性疲勞，此時再來治療的話，很可能就得花費更大的力氣與時間，方能恢復如初。如同罹患慢性病並不會立即致死，但若不積極控制、改善或治療，那極有可能從一個慢性病，衍生出其他併發症，逐漸拖垮整個身體。屆時再來尋求治療的話，花費的時間與金錢恐怕就會難以估計，嚴重者甚至無力回天。我個人就曾經因為忽視身體警訊而被診斷出慢性疲勞，足足療養了四年，暈眩症狀才消失，只因為忽視了小症狀，最終演變成大問題。

組織的問題與身體的健康，其道理也是一樣的。如果企業內部的問題未能改善，極有可能就會影響整個組織的正常運作。

簡言之，**組織的管理能力愈強，就愈能及早發現企業內部的問題而防範於未然；或是於問題發生的當下，便能立即予以解決。**

回到正題。如果各位看完我的文章後，彷彿諸多企業早該倒閉光了。其實事情並沒有這麼簡單。理由如下：

1. 管理能力是指「影響管理工作表現的知識、技能與態度」，所以能力愈強、表現就愈好。但管理不能獨尊單一項目而偏廢其他，因為這是個鐵三角關係，缺一不可。

   如果偏廢其中一項，那勢必得在其他項目有更突出的表現，才能得以補償，但這樣就會導致發育不均衡的畸形樣貌。如：某些管理者的專業技能可能極強，但傾聽能力卻極弱，於是在長久的養成下，很容易造就出一位脾氣暴躁、獨斷獨行的管理者。就像右撇子慣用右手，導致左手的靈活度就會相對較差。

2. 管理能力低落，並不一定會對公司造成立即的危害，但可以確認的是：如果管理能力強，對組織的發展與穩定，肯定有著積極正向的影響。這也解釋了為何台灣中小企業這麼多，而國際級企業數量卻如此貧乏的原因。因為當企業想從五人擴大至五十人、或是從五十人擴大至五百人時，這期間肯定會遭遇某些障礙而無法突破，此時組織內部各個階層的管理能力水平如何，便決定了該組織能否順利渡過了。如同孩童與青少年在成長階段，如果不能依據不同階段，給予適當的養分、養成良好的習慣，那麼日後很可能會因此導致體質羸弱、免疫力不足的問題。

3. 管理能力有許多細項，即使有東西方文化的差異，但管理論點卻是大同小異的。最簡單的分類，莫過於區分

「做事」與「做人」兩大類。如果做人能力過低，那就得在做事能力上加倍努力，才有可能彌補損失的部份。然而管理者的做事能力太強，很有可能因此搶走原本屬於部屬的工作，這會使得管理者失去了原有的職責與角色，而阻礙組織的正常發展。就像是父母親若過度保護孩子，極有可能造成孩子的挫折忍受力變得低落、自信心不足、直接躺平擺爛給父母去承擔一樣。

4. 部份企業可能因為握有某些特殊能力（如：研發能力、專利、獨占性、寡占性…等因素），所以即使管理者未能發揮其功能，但產品力仍足以支撐整個公司的運作，差別在於優勢能維持多久，因為競爭者的威脅，始終是無處不在的。

   日本航空（JAL）之所以會倒閉，就是因為即使他們經營不善、管理不當、冗員過多、官僚作風、揮霍無度，導致虧損連連，但因為日本政府仍會給予資助，所以管理高層就會不思進取，反正自己活得好好的，何需改變？導致日本航空倒閉的主因，是 2008 年的雷曼兄弟事件，然而讓日本航空無法抵擋這場危機的真正元兇，正是該企業脆弱的體質。建議各位有機會去閱讀《稻盛和夫的最後決戰：日本企業史上最震撼人心的「1155 天領導力重整」真實記錄》（大寫出版），各位就能理解整起事件的始末。

5. 管理位階愈高，其影響層面愈大。好的決策足以興邦，但錯誤的決策極有可能導致企業走向衰敗：管理者獨攬大權（如三星汽車）、忽視企業道德（如安隆 Enron、

世界通訊 Worldcom）、為求獲利而偷工減料（如
三鹿奶粉的三聚氰胺事件）、自我感覺良好（如雅虎
Yahoo! 與微軟 Microsoft 的合併破局）、僥倖心態（如
雷曼兄弟控股公司 Lehman Brothers Holdings Ins.
的金融危機）、過度依附合作企業（如台灣勝華科技
Wintek 曾是蘋果公司第二大玻璃觸控面板的供應商，
但自從 2013 年，iPad 改用薄膜觸控面板之後，2014
年勝華科技便宣布破產）…等。

**管理能力不足，並不一定會導致企業覆滅；但管理能力的強
弱，卻足以影響企業能否成長茁壯、在市場上紮穩根基、永
續發展的基石。**

為了能讓讀者們能輕鬆的學習，本書有以下幾項特色：

1. 減少理論陳述，增加案例說明：我用自身的經歷、或親
   眼所見的事件、或眾所皆知的企業案例，來解釋各項論
   點。所有的案例都是現實中有其原型的，只是為了方便
   理解與增加情境張力而稍加改編；正面案例裡的人名都
   是真實的；而失敗案例裡的人名則全是虛構的（除非是
   國際知名企業與人物），如有雷同，純屬巧合，請勿對
   號入座。

2. 部份內容使用電影的情節來解釋管理：為因應現代人的
   閱讀習慣逐漸有短視頻、影音化的趨勢，所以我也採用
   部份經典電影裡的情節來說明，希望能把知識與休閒相
   結合，讓學習也能變成一種享受。倘若你從未看過我所

推薦的電影，我會強烈建議大家務必要擇日觀賞，保證不會讓你們失望的。

3. 因版權問題，故通篇文章裡不會提及某些漫畫的全名，而是直接摘取其中的劇情與出場人物的對話，進行陳述與說明，相信看到的人，都能立刻明白是哪部作品。

曾經有人問我，為何不儘量講述企業案例呢？這裡就要為各位說明一個概念：「**藝術源於生活，而高於生活**」。這句話的前半段是指任何的藝術創作，美術、電影、音樂…等，都能在現實生活中找到原型；而後半段則是創作者會在作品裡賦予新的內涵，期望能帶給人們動力、讓我們活出更精采的人生。所以我所引用的影片，都是現實生活中存在的，只是戲劇效果更好而已。

4. 文章內所引用的書籍，均標明作者與出版社，為喜愛閱讀的人士提供延伸學習。所推薦的書籍沒有承接任何業配，純粹是基於「奇文共欣賞、疑義相與析」的理念。

5. 用字遣詞與案例陳述，均採直接了當的方式，所以看起來似乎充滿了批判意味。然而本書至少有超過半數以上的內容，都是針對我個人曾經犯下的過錯所進行的自我檢討，誠如我總愛說：「人若無法面對錯誤，就不可能有進步的空間。」期望能透過對事實的陳述，把問題赤裸裸地剖析檢視，協助職場工作者走出泥淖，擺脫無窮無盡的負面循環。

6. 為了讓通篇文章的用字遣詞與文筆統一，另一位作者詹麒霖（James），是透過他的口述、與他的討論、以及他所寫下的文字，由我進行彙整與重新編撰後，交由

詹麒霖本人確認內容無誤後，才會列入本書。所以看起來似乎都是我一個人的故事，其實所有的內容與事件，都是我們兩個人的共同經歷與體會。雖然詹麒霖與我年齡相差近二十歲，但因理念相近，世代之間的差異，反而帶給我們更多的激盪，這才有了這本書的誕生。

7. 本書的書名看似是寫給企業管理階層的，但從廣義的角度來看，只要是職場工作者，都應該閱讀本書，這樣我們才能從中學習如何與上級溝通、與同儕互動、如何建立信賴關係，影響他人用你期望的方式來對待你。你愈是能理解管理者行為的形成原因，你就愈能知道如何協助他們改善。退而求其次，即使你依然無能為力，好歹你也能知道該如何自保。另一方面是如果真有那麼一天，你晉升為管理階層後，你必須要時刻謹記在職場上你曾遭遇過那些不當管理時的無奈與無力感，你才能期許自己該成為怎樣的管理者，將心比心且莫忘初衷。

切記：**你希望別人怎麼對待你，你就該先怎麼對待別人。**

失敗並不可怕，可怕的是對失敗找藉口，這將會失去汲取教訓的機會。

知名熱血高校運動漫畫裡，論個人球技最佳者，我相信是山王的澤北榮治，綜觀整部漫畫裡的高中籃球界，應該無人能出其左右，所以這位高手的內心其實是很寂寞的。

2023 年的電影版裡有段改編劇情，值得我們深思：

與湘北比賽前，澤北到神社前祈禱時，內容是：「神啊！請賜予我所沒有的經驗」，於是上天便賜給他一場從未嚐過的敗績、一場輸球的經驗；堂本教練也在賽後勉勵球員們：「**勝敗乃兵家常事，今天的失敗，將會成為明天的重要資產**」。

安西教練在全國大賽、單獨留下櫻木花道練投兩萬顆球之前，讓櫻木親眼看看自己在錄像裡的投籃姿勢。櫻木不敢相信自己的投籃姿勢竟然會那麼地不堪，還懷疑是攝影機的問題（說穿了，就是想找藉口），但安西教練卻說了這麼一段話來激勵櫻木：「**初學者邁向高手的成功之路，是從了解自己的不足開始**」。

所以管理能力不足又如何？不懂管理又怎樣？只要我們勇於承認不足、接納自我，那麼改變永遠都不嫌晚。畢竟**唯有學到老，才有能力活到老**。

讓我們共同勉勵，換個不同的想法、改變不同的做法，勇敢地朝自我變革邁出第一步吧！

自序二

■ 詹麒霖

人生倒著來：逆流而上的人生旅程

在當代社會的眼中，人們隨著年紀的增長，工作職位通常是從一般員工開始，逐漸升遷至管理階層、企業層峰、甚至是創業家。但如果我告訴你們，我的職涯路徑卻是反過來的，由 CEO「倒檔」回到專員，彷彿由布萊德・彼特（Brad Pitt）主演的《班傑明的奇幻旅程》（The Curious Case of Benjamin Button，2008 年），人生是倒著來的，你們會覺得我是在開玩笑、還是腦袋進水了？

西方取經：少年頭家的逐夢之旅

究竟是什麼樣的動機，促使我走上創業的道路呢？這一切可以追溯到我的大學時光。

當時我在交通大學資訊工程系努力學習，就在那時已開始構思創業的夢想。因為當時一個知名的社群網站－「無名小站」，其中提供的相簿服務功能，在台灣掀起了一股熱潮。而創建無名小站的這群人，就是我系所裡的同學和學長們，其中一位還是我同寢室的室友呢！某日他興奮地告訴我，他們獲得了

Yahoo! 奇摩數億元的投資，這無疑是一個巨大的成功。在我為他感到驕傲之餘，也在我的心中悄悄地播下了一顆創業的種子一我覺得創業這檔子事，似乎不再是那麼遙不可及的夢想。

得到了家人的鼎力支持後，我有幸前往美國南加州大學攻讀電腦科學碩士學位。那是一段充滿許多難忘回憶的時光。我得以深入世界頂尖的學術殿堂、接觸到許多不同的文化，並體驗了多樣的生活方式。

我記得我修過一門「機器學習」的課程，驚訝地發現當時的授課教授，就是我在台灣教科書中讀到的那位該領域的傳奇人物。當時的我，內心激動到幾乎要淚流滿面了！

我的同學來自各個國家、各種背景，而當時來自台灣的學生相對較少。隨著軟體工程師的薪資在全球快速攀升，愈來愈多的台灣學生也相繼投入赴美深造的行列。在那裡，我有幸與來自世界各地的同學交流，無論是來自日本、韓國、歐洲、亞洲、中東，還是人數最多的印度，這都大大地拓展了我的視野。

大多時間除了作業、讀書和考試以外，通常還會有一個大型的專案。在尋找隊員、分工合作及展示成果的過程中，我深刻地感受到這與創業的過程有多麼相似。雖然我們的專案有些可以立即投入市場、有些未能成功。不過這都是學習的一部份。而這些經歷和學識，對於我未來事業的發展，是不可或缺的珍貴資產。

有些同學的專案表現出眾，甚至超越了當時的市場水準，獲得教授的推薦，直接進入大科技公司工作；也有傳言說某些同學因為專案做得極其出色，後來決定一起創業。特別是當時矽谷的新創氛圍濃厚，網路新創的報導層出不窮：Web2.0 的興起、2007 年推出的 iPhone、Facebook 的崛起…，這些跨世代的產品及服務都徹底改變了人們的生活方式。我則意識到，結合網路、科技和社群的無限可能。

當時我買了一塊白板放在宿舍裡，每天將想到的點子、技術和商業模型寫在白板上並進行推演，還強迫室友們吃完飯後必須要留下來聽聽我的創業點子，並給予我回饋與意見。

畢業後，由於我對創業的極度渴望，所以我沒選擇留在美國，而是決定返台，與幾位大學時期的同窗，共同創建了公司。我滿懷熱情地接受了 CEO 的職務，負責決策、撰寫計畫與設定目標，另外兩位則負責實踐軟件技術。就這樣，我展開了少年頭家的築夢之旅。

生活中的管理

為了節約紐約市的高昂住宿費，我在報到當天就立刻找到五名同學，提議大家共同承租一間有六間臥室的房子。除了一位是我的大學同學，其餘都是陌生人，包括一位台灣法律系的學生、以及三名來自中國大陸的學生。這種合租方式不僅減低了每人的經濟負擔，而且由於我們的文化背景相似，所以不會因

文化差異導致過多不必要的問題。然而房間的大小並不均等，我們不能簡單地平分房租。經過一番討論後，我們決定了每個房間的價差，若有有兩人以上都選中同一房間，則通過抽籤來決定。這種方法除了保證公平性以外，還建立了良好的溝通基礎。

為了打破初次見面的尷尬，我建議大家先坐下來，輪流自我介紹和交流。幸運的是我們彼此之間並沒有太多的政治包袱，所以可以坦率自在地交流互動。這些來自中國的學生不僅比我年輕兩歲，而且都是博士生，在中國大陸肯定都是學霸中的學霸。

在美國，如果你想走學術路線，那麼攻讀博士是很正常的；但如果你想要在產業界發展，選擇碩士則是更受推薦的進階教育，這點跟台灣慣於從大學、到碩士、到博士一口氣讀上去的觀念，有很大的不同。

儘管我們都算是受過高等教育的人，但日常生活中需要磨合的地方，可是一點都沒少。我們也發現合租生活裡，如果沒有一個有效的共同資金管理系統，將會造成很多不便。為此我們建立了一個公積金制度，每人定期將一部份的錢，放入一個紙盒，如果有公共開支，則可從中取用，並將帳目記在一個線上表格，這種公開透明的方式，使我們運作得很順利，當然，最重要的還是彼此的信任關係。其他如排班制度可以讓我們輪流做飯、儲備物資、打掃…等，都井然有序的進行著。

這裡有一件事，是我印象最深刻的：記得 2007、2008 年的寒暑假，因為大部份的室友們都返鄉探親或過節，但房租費用仍得繼續支出，於是我提議將閒置的房間做為短期出租變現，而我休假期間並沒有回台，自然成為這個計劃的執行者，負責在網上找房客、議價、簽合同和清潔，彷彿我就是民宿老闆，我甚至還提供了洛杉磯的旅遊地圖、購買房客想吃的食物。結果就是放假期間所賺到的錢，竟然超過了需要支付的房租費用，當時大家都樂壞了！這個模式，像不像 2008 年創立的 Airbnb 的共享經濟服務呢？看來我自己也是具備一些管理和策略規劃的天賦呢！

男子漢的三年約定

透過當時台灣教育部的學生創業鼓勵計畫，我們進駐了台灣大學育成中心，為自己設定了三年期限。倘若三年內我們無法將公司引領至盈利之路的話，就應各自解散、尋求更美好的前程，而非無意義地消耗彼此的青春。

為了驗證我們的商業模式，我們接連參與了 2009、2010、2011 年台灣各大創業競賽，包括 WeWin 工業銀行創業競賽、Tic100 創新創業競賽、及遠傳電信 Mobilehero 行動英雄手機應用通訊競賽，並屢獲佳績。由於我們的話題頗具新穎性，多家電視台也為我們提供了免費的報導和宣傳。除此之外，我們還成功取得政府的 SBIR 中小企業補助案，獲得營運資金支

持，終於能夠完成商品的初步開發，並設計了幾個投資發展階段計畫，準備將商品投入生產。

然而，儘管付出了極大的努力，當約定的三年期限到達時，我們仍然未能達到獲利的目標，這使得我們不得不面對一個殘酷的事實：我們的商業模式是不可行的。

雖然結果不如預期，但我們從不感到後悔。這次的失敗，讓我更清楚地認識自己，也更加確定自己的能力所在。對我而言，這段經歷比我過去的生活都更有價值。在這個過程中，我們經歷了各種團隊相處的困難，學會了真正的團隊合作，並深刻體會到了企業經營的艱辛。

即使解散了公司，我仍持續在多家新創企業裡擔任重要角色，如某連鎖餐飲公司的執行長特助、雲端串流的 iOS App 產品規劃總監、以及廣告技術公司的商業開發總監。這些經歷為我贏得了不少商業成果和個人成就。在這些新創產業中，每天都會出現新的技術和應用，我必須時刻保持對市場的敏感度，才能迅速調整，因為稍有遲緩就可能失去先機。

當我在工作上取得更多成就的同時，我也迎來了我生命中的新成員－我的孩子。然而意外的是，那一年的健康檢查中，我被診斷出罹患甲狀腺癌，需要進行手術治療。

當時是我人生中最黑暗的時刻。我從未曾想過，在如此年輕的時候，我竟然會罹患癌症？！如果我無法照顧我的家人和孩子，那我該怎麼辦？頓時我感到無助和恐懼。在康復期間，我對自己的人生進行了重新評估，我深知我必須平衡家庭與工作，找一個能讓我感到安定、發揮專長的工作。所以在手術成功康復後，我選擇了報考一家公股銀行，並從專員的職位重新出發。

當時很多人聽到我這個決定的時候，都表示不理解，覺得我的決定不可理喻。但對我自己來說，這是一個全新的開始。在這裡，我可以安心地從事我擅長的事情，尤其是我不再需要擔心未來的不確定性。我可以不用經常加班，也能同時兼顧家庭和孩子，這才是我最重視的事情。

這就是我的故事。對我來說，這不是一個失敗的故事，而是一個關於成長、改變、尋找自我，和發現生活真諦的故事。最後，我想傳達的是，永遠不要害怕改變，也不要害怕面對失敗。**失敗是邁向成功應付出的代價**，唯有經歷過失敗，我們才會更懂得珍惜成功的甜美。

「信喵之野望」KUMA & CUBBY

創業時，我們這一群技術宅，燃燒著青春的熱血，想要為遠距離的情侶們，打造一個互動抱枕。我們成天頂著黑眼圈，啃食著泡麵、克服了無線技術、軟硬體整合⋯等一切複雜的技術問

題。然而等到了產品即將要問世之際，我們竟然發現，原來我們幾個人根本不懂得什麼是行銷，那這項產品又該如何推廣給使用者們知曉呢？

幸好在台灣大學育成中心的熱心介紹下，我們遇到了一位頭頂著白髮、穿著吊帶、雙眼炯炯有神的顧問－金老師。老實說，當時如果是一般的顧問，看到我們這群連如何鎖定目標顧客群都說不清楚的年輕人們，可能早就搖頭嘆氣，然後趕快拿完諮詢鐘點費就走人。然而金老師並沒有這麼做，他始終保持微笑，仔細聆聽我們的介紹、並提出疑問以獲得釐清。在大致了解概況後，便問我們要不要一起去曾經榮獲「北縣我最牛」獎項的牛肉麵店吃麵呢？

「真的好美味呀…」記得當時吃完後，我們的心頭湧起一陣暖意，因為當時的我們都囊中羞澀，每天都在計算著該怎麼省錢，早已忘記好好吃一頓是多久以前的事情了。「尋找感動的元素。」金老師提醒我們要記住創業的初衷，想清楚我們為什麼要做這個產品，並用簡短的文字和 Slogan 紀錄下來－「科技有溫度，溝通零距離。」就在這種歡愉且輕鬆的氛圍下，我們討論了許多行銷的方向和細節，也開啟了和金老師的緣分。

某次我們去金老師家拜訪時，發現他家裡有兩隻超級可愛的貓咪－酷馬（Kuma）和酷比（Cubby）。同為貓奴的我們，話題變得更多樣，開會開到一半還忍不住跑去逗貓玩，根本就

是我們的日常，雖然這很不專心、也不夠專業，但卻極其療癒！金老師也從不以為意，放任我們大方地玩。

當我發現金老師也在玩當時很火紅的社群遊戲－「信喵之野望」。哇，原來我們不只是貓奴，還玩著同樣的遊戲，金老師還會做模型、刻印章、聽流行音樂…，這位老師真的很酷、好有趣喔，竟然這麼多才多藝還貼近年輕人！這跟我們所認知同年齡的老人家形象大相逕庭，完全沒有油膩大叔的模樣。所以我們總愛找各種藉口，只為了到金老師家裡串門子。

金老師是位很溫暖的人：在指導我們幾個人的過程中，他總是開車載著我們先去吃頓好吃的，然後再來討論如何做行銷。後來我才知道，金老師其實並沒有從育成中心收取任何費用，只因為金老師知道我們幾個人的創業處境，所以堅決不收費。

這種態度，同樣也體現在他的生活中：他不僅幫助我們解決商業上的問題，也經常給我們人生方面的建議以外，還教會我們如何有效地溝通、如何建立強大的團隊、如何制定和執行策略，這些都是我們在學校裡從未學到過的。他還鼓勵我們保持樂觀，堅持不懈，即使困難重重。

其實金老師只比我們大了幾十歲，只因滿頭白髮，所以我們經常戲稱他為「金老爸」。金老師除了滿腹經綸、對任何事物均有自己獨到的見解，某次七夕情人節時，他帶著我們走到住家附近的幾間餐廳，從背包裡取出包裝精美的小禮物，分送給當

天在餐廳輪值的店員，祝福他們情人節快樂。看到每位員工眼裡散發著喜悅與感激時，我才明白原來金老師早已深黯「溫度」的道理，而且是身體力行、樂此不疲。此時我們不禁在想：這到底是個什麼樣的人格，才能做到如此無私？

這就是台灣版的聖誕老爹：熱心且樂於幫助身邊的人，特別是幫助那些需要被幫助的人、無私付出且從不要求回報。

後來我輾轉了幾份工作，每當遇到困難時，都會來找金老師聊天傾訴，請教他的高見。他不只是我們的創業、管理、行銷的顧問，更像是我們的人生導師。我們開始懂得什麼是真正的領導力，並且明白如何成為一個更好的人。我們都由衷地感激他對我們的付出，並且期待著能夠有機會繼續與他合作，並從他的經驗和智慧中學到更多。只可惜在我們認識金老師的當下，公司已是強弩之末而無力回天了。但直到現在回憶起來，還是感到很幸運，能夠遇見金老師。

找到對的導師與方法，在創業及人生的道路上是至關重要的。

這本書，是將金老師豐富的管理經驗，加上我個人淺薄的職場歷練與體驗，融合成跨世代的感悟，希望能帶給各位一些鼓勵和啟示。

無論你是面對職場上的挑戰，還是正在創業，抑或是構思創業，乃至於你正迷茫於人生或職場，那麼這裡肯定有寶貴的

建議可供你參考。我只想告訴大家：「**不要害怕失敗或追求夢想**」。追求夢想是我們每個人的基本權利，只要有所準備、願意付出代價，就沒什麼不可能的。就算是最壞的情況，大不了就是重新開始罷了。人生的道路很長，我跟金老師兩人也都曾是重新來過、重啟人生的人。回歸原點，一點都不可怕。

感謝金老師始終相信我，讓我參與本書的創作。這個計劃讓我更深入地窺探金老師的內心世界與管理秘笈。即使在夜深人靜時，我也會打開這些整理過後的文章，然後反覆閱讀。如果我能早點學到這些知識的話，說不定就不會走那麼多的冤枉路了。這讓我回想起和他的相處過程：幫我看履歷、討論如何向上級提加薪、引導我如何選擇下一份職場、找出我的性格適合怎樣的工作…，這些都是很有義意的過程。今生有友若此，夫復何求？

但願我們每個人，都能找到你的導師、找到正確的方法，來幫助你走向更康莊的職涯。

目次

Chapter 01 管理者的困境與挑戰

Chapter 02 管理者圖像

第一單元　管理者應具備的特質

第二單元　進階為管理職的思維變革

管理者的困境與挑戰

身為部屬，為何我們能遇到的優秀管理者少之又少？
身為管理者，為何我們始終無法找到工作重點卻依然忙碌？
為何我們找不到為人與處事之間的平衡？
本篇將為您揭開真相，讓您清晰地看到問題之所在

敦促我著手撰寫這些文章的起心動念，是多年來在職場上，以及從事教學與顧問的過程中，我看到所有企業的問題根源，幾乎都與一個共同點有關：管理者本身。

因為管理者是手握權力之人，所以他們很慣常把問題甩給部屬去承擔，卻把功勞留給自己，如同日劇「半澤直樹」的名言：「上司的錯，要讓下屬承擔」，無論我說過多少次有關管理者本身的問題，只要上位者沒有自覺，那麼無論如何變革、改善、分析問題，最終只能淪為空談，這是管理者們必須克服的心魔。

造成管理能力低落的原因，個人歸納有以下幾項：

1. 為因應組織快速成長、亟需有人承擔部門管理職，但未能於事前擬定完善的接班人計劃，只能先把較資深的人予以升遷。

2. 員工年資已到，除了增加薪資，給予符合員工內心需求的職稱也是留才的手段之一。然而實際上管理者的工作內容，與一般員工別無二致，只是工作技能相對更熟練而已，並非是實質意義上的管理職。

3. 疲於奔命於組織內部的各種例行性工作及緊急狀況，以至於無法騰出多餘的時間去學習具有開創性、挑戰性與自我發展的管理項目。

4. 企業內部沒有合格的教練，自身的管理經驗也不足以勝任教練。

5. 教練自身也忙於公務，未能持續給予被教練者足夠的指導與支持。

6. 未能嚴謹審核並過濾欲升遷的儲備管理幹部素質。

7. 企業層峰對於接班人計劃的認知不足、或沒有風險意識，導致接班者無法順利過渡為合格的管理者。

8. 墨守成規、缺乏創意，害怕錯誤而不敢冒險，故管理經驗（尤其是決策能力）無法獲得經驗的累積。

9. 中階管理幹部的斷層嚴重，導致老的不敢退、新的上不來。

1970 年的 Nokia，原本只是衛生紙及雨鞋的工業集團，卻因為開創了最早的行動網路、網路類比電話、車用電話以及全球行動通訊系統，一躍成為歐洲市值最高的公司。當時 Nokia 的執行長接受專訪時表示：公司之所以能成功，其關鍵就在於 Nokia 是間具備「**員工樂在工作、不按常規思考，容許犯錯**」企業文化的公司。

然而現在的 Nokia 因被蘋果的 iPhone 取代而退出市場。深究其原因，竟然是 2004 年 Nokia 內部工程師研發出一款具備大型彩色觸控銀幕、可上網、高解析度相機以及網路線上商店系統四大新功能的行動手機，但該執行長與同一經營團隊卻終止了其中兩項計畫：網路商店與觸控銀幕。三年後，賈伯斯（Steve Jobs）發表了 iPhone，其具備的功能正與前述 Nokia 工程師所研發的功能幾乎一致，從此 Nokia 便失去了市場競爭力，以 2013 年出售手機部門宣告 Nokia 世代的落幕。此案例正好說明了管理者的困境－「成也蕭何、敗也蕭何」，舊經驗不足以因應新時局。

在我教授企業有關管理與領導、或是問題分析與解決的課程時，大多數的最高主管，往往只是過來跟我打聲招呼後便離開，獨留部屬們學習；我曾詢問好幾位高階管理者為何不跟大家一起學習？他們都表示「我經驗很夠、位階很高，可以不必再學了」，或是「我很忙」。然而遺憾的是，即使歷史早已提供我們數不勝數的教訓，而我們所學到的，就是沒有學到任何教訓。

從專業職晉升為管理職時，很多管理者並未意識到管理職與專業職之間的差異，亦或是上級主管未能及時給予指導與培育，甚至是高層管理者依然慣性地將這些幹部，當成是一般員工來使喚，所以造成了管理斷層。

歐洲工商管理學院組織行為學教授米尼亞‧伊瓦拉（Herminia Ibarra）認為：人們經常會陷入一種「能力陷阱」：**我們樂於做那些我們很擅長的事，從此便慣性地一直做下去，最終導致我們就只擅長做這些事而已**。這種持續性的投入，並不能使我們在原本擅長的領域裡獲取更多的經驗，相反的，這極有可能導致這些管理者在其他領域無法突破、也不敢突破。

在組織裡最明顯的現象，就是擁有「彼得原理」（Peter Principle）特性的管理幹部，有日益增長的趨勢。

升遷，照理來說是組織常態。每位主管在升職之前，可能都是表現優秀的職員，卻因為獲得升遷，直至升遷到自己不適任的位置後，淪為大家眼中的「無能主管」。而上述論點，就是管理學家勞倫斯‧彼得（Laurence‧J‧Peter）所發表的「彼得原理」，這對組織來說，是最悲慘的情況。

就我個人在企業裡長期的觀察，有太多因「彼得原理」而造就出來的無能主管，公司不僅無法有效地協助他們改善其管理能力，還不敢因其績效不彰而給予應有的懲戒，最多只會把他們安排到其他相對不那麼重要的職務上，但這並不能從根本上解

決「彼得原理」所留下來的貽害。只要放任這種現象在組織內不斷地擴大，就極有可能形成劣幣驅逐良幣的惡性循環。

即使中階管理幹部嚴重缺員，但我們也絕不可因缺員而升遷了那些不適任的管理幹部，況且晉升管理職也不是唯一的仕途，畢竟還有專業職這樣的路徑可走。否則「將帥無能，累死三軍」這樣的戲碼，就會在組織內部無止盡的反覆上映了。

萬丈高樓平地起，企業的根基，在於「人」；而「管理」就是將人與技術「統合」而得以「落實執行」的核心。

某所軟體開發公司，其員工碩博士的比例高達 85%，但他們的管理能力卻低落到難以置信的地步，導致士氣不振、內部溝通不良、工作進度遲緩。該公司的二把手打算改善此一問題，於是我陪同企業管理顧問夥伴先訪談了一位主管里昂（Leon）以及他手底下的茉莉（Molly）及琳達（Linda），打算先探詢原因後，再提出診斷分析與執行企劃。茉莉原本已打算要離職了，原因是她覺得里昂根本毫無溝通技巧可言，我請她先暫時忍耐一下，看看我們能否有機會協助公司改善此一狀況；琳達則是完全放棄與里昂溝通了，反正日後里昂交代什麼，她就做什麼，不打算再與里昂溝通。

與里昂溝通完畢後，實在很難想像，里昂竟然對於何謂管理毫無概念，也從不閱讀任何管理書籍，即使我們已經非常明白地指出里昂在溝通與管理上的缺失時，里昂始終都是「我說過

了」、「我做過了」這兩句話在反覆使用，絲毫沒有意識到正是自己的問題所導致的這一切後果。里昂的技術能力或許足以勝任專業職，但當下絕對沒有資格擔任管理職，然而公司還是執意升遷了他，而且是同時擔任三個部門的主管。

當我與夥伴提出了企劃書、也完成了簡報後，二把手十分認同我們的分析，也向執行長表達了必須即刻改善的建議。然而執行長卻以預算有限為由，否決了這次管理能力提升案，因為執行長接到了新案子，打算招募新的工程師團隊來組建一個新部門，所以執行長想把重心置於此處，而選擇忽略里昂的管理問題。

到底是技術至上、還是管理優先，每家公司的價值判斷各自不同。但這種只重視技術、卻輕視管理而造就出無能主管的現象，在台灣的經營環境裡，恐怕早已是見怪不怪的事了。

當我們的身體在從事習以為常的事，如跑步、走路、開車⋯時，是根本感覺不到大腦在下指令，這是因為我們的身體已經進入統合後的協調狀態。而管理能力就像是大腦在執行感覺統合（Sensory Integration）的過程，如果新任管理者未能在進入管理職的初期，就學習到正確的統合方式，那麼將來在管理的運用上，不僅無法應用自如，甚至還可能因管理不當而發生言行不一、情緒不穩、滿腹牢騷、自以為是、自私⋯等對組織發展不利的影響。

讓我舉一個因缺乏管理能力而導致培養出無能主管的實際案例。某公股銀行就曾經上演過這麼一齣令人拍案叫絕的戲碼：

之所以很多人想要考進公家單位，就是看重其「終身雇用制」的鐵飯碗特性。只要考取被錄用後，那麼即便績效表現不好，上級管理者頂多只能打給該員工較低的績效考核分數，卻沒有解雇對方的權力。

有位員工在上班時，偶爾會在櫃台前打盹。一開始他只是在櫃檯前放個「暫停服務，請至其他櫃檯」的牌子，然後睡個幾十分鐘，但因為行長認為此事並不嚴重，所以從未積極處理，於是該員工的睡覺時間便逐漸加長，最後甚至已經演變成直接趴在櫃台一直睡到下班。即使被客戶投訴、被上級警告、勸阻，都依然無效，正因為該員工仗著鐵飯碗的特性，頂多就是績效成績不好、獎金少拿點，反正又沒人能夠解雇他，一副你們又能奈我何的態度吃定了行長。

但長期這樣的行為，終究會影響分行評比以及行長仕途。於是行長就讓該員工直接到員工休息室裡睡覺算了，好歹不要讓客戶看到。但這對於其他員工就極其不公平了，因為他們必須分擔該睡覺員工的工作量，肯定多有微詞。

就在一籌莫展之際，行長突然心生一計，想到利用組織績效考核的特性：「連續兩年績效評比達優等者，可獲得升遷機會，並輪調至其他單位」，於是行長便連續兩年都給這位睡覺員工

打了考績優等的成績，兩年後該睡覺員工便被調離該分行，所有人終於可以鬆了一口氣。

然而意外來得就是這麼猝不及防：這位睡覺員工在多年後，竟然一躍成為該分行行長的頂頭上司。只因為該員工睡覺的不良行為未能被有效遏止，使得該員工的問題愈發嚴重，而每位想要將該睡覺員工弄走的單位，也都使用了前面提及的績效考核特性，給予他優秀的績效考核成績，以便讓他調離現職單位，於是便出現了這樣的光景。

難道這不正是管理者的無知、漠視與怯懦，才使得「彼得原理」成為現實中的無解之題嗎？

當今的管理者，究竟有哪些困境必須被克服呢？

一 》對管理缺乏系統的學習

為何台灣很少有國際級的企業產生？如果要問我，我會說華人世界裡的很多管理者之所以能獲得升遷，只是因為戰功彪炳或資歷更深，但在這個過程中，卻從來沒有接受過任何有系統的管理培訓，所以他們的管理知識儲備量，根本無法構成一套完整的系統，更遑論其行為與決策有跡可循。要知道五人規模的公司運作方式，並不適用於規模五十人的公司；規模五十人的公司運作方式，也無法適用於規模五百人的企業。如果我們無法突破這層認知，那麼華人企業想要擠身至國際行列的願景，只是癡人說夢而已。

2014 年，我受邀至上海某日商總部進行「管理能力評鑑」，透過各種狀況的發布，從中觀察受評者們的思考邏輯、核心價值與面對各種狀況的處置，對照該公司的核心職能予以評價，做為升遷或考核時第三方的參考依據，並提供未來針對管理者發展來設計相對應的培訓策略。該年七月份第一梯次的學員共計二十四位、來自港澳台與大陸各地區、各部門的核心幹部參與。

艾蜜莉（Emily）是當時綜合評分最低的學員，儘管報告結果可能會讓她感到不服氣，但思慮再三，我依然選擇呈現事實，認真地寫下她在管理能力上的所有弱項及其理由，並給予日後改善的建議與執行步驟。

其實艾蜜莉並不是個壞人，私底下是可以跟她成為好朋友的；但若是當她的部屬，那麼我只能用「災難」這兩個字來形容部屬的心情；即使是與她平行的單位，在溝通上也很難繞過她的本位主義與官僚氣息；然而在上司眼中，她可是很受歡迎的好部屬，只因為她深黯察言觀色之道，知道上司喜歡什麼、愛聽什麼、懂得如何迎合上級，這讓她在公司內部的仕途相當順遂。

三個月後，我再次去上海進行第二梯次的評鑑時，艾蜜莉這時找到了我，想要跟我確認報告的內容。她表示自己並沒有我說得那麼不堪，我能感受到她的憤恨不平，於是我很認真地傾聽，並逐條解釋得分的理由。當她明白自己再也無力辯駁時，

她說了一句令我終生難忘的名言：「不正是主管的無能，才能造就部屬的強大嗎？」這是她對管理者的理解：部屬必須自謀生路，才能讓自己茁壯。我當時立即追問她此話是出自哪位管理大師的口中或著作？她說是網路上看到的，然後我繼續追問她這位作者是誰？艾蜜莉表示她忘記了，所以我回答她：「如果按照妳的邏輯，管理者理應愈無能愈好的話，那我覺得妳的部屬應該比妳更適合擔任妳的上級，因為他比妳更無能，不是嗎？」我永遠也忘不了當時艾蜜莉握緊雙拳、聲嘶力竭地吼道她不接受這份報告、然後轉身離去的背影。然而截至 2022 年為止，我所得知的訊息是：她始終沒能獲得升遷的機會。

這裡引出了三個管理者給自己挖坑所導致的困局：

1. **只挑對自己有利的論點**。然而這些論點都是禁不起推敲與挑戰的。
2. **以偏概全**。拿自己過往的經驗與體會來為自己開脫，殊不知這些經驗不僅沒有與時俱進，也不適用所有的情境。
3. **喜歡自創管理論點**。卻從不向國際級管理大師學習。

有關管理的理論研究者眾多，這裡僅提出幾位近代的管理大師，每位的著作與論點，都足以讓我們學習與借鑒。以下是我推薦管理者務必要認識的幾位管理大師及其代表著作：

1. 彼得·杜拉克（Peter Ferdinand Drucker），代表著作有《21 世紀的管理挑戰》、《企業的概念》、《管理的實踐》、《杜拉克談高效能的五個習慣》

2. 肯‧布蘭佳（Kenneth Hartley Blanchard），代表著作有《共好》、《一分鐘經理》與《情境領導》

3. 麥可‧波特（Michael E. Porter），代表著作有《競爭策略》

4. 彼得‧聖吉（Peter M. Senge），代表著作有《第五項修練》、《學習型組織》

5. 丹尼爾‧高曼（Daniel Goleman），代表著作有《EQ》、《打造新領導人》

6. 史蒂芬‧柯維（Stephen R. Covey），代表著作有《與領導有約》、《與成功有約》

7. 賽門‧西奈克（Simon Sinek），代表著作有《無限賽局》、《最後吃，才是真領導》

上述這些管理大師所提出的論點，都是經過反覆試驗、且已驗證可被複製及操作、兼具理論與實務的內容，我們為何不直接借鑒引用，反而想要自創呢？我這本書所寫的任何建議與做法，沒有一項是脫離這些大師們的觀點，只是增加了我個人的觀察與實際操作後所梳理出來的應用心得罷了。

二》對管理缺乏經驗的累積

台灣的高階管理者或創業家，在管理能力上大多都有一個很致命的硬傷：缺乏管理經驗（尤其是決策能力最為嚴重），這使得高階管理者往往在關鍵時刻不敢勇於下決策，導致經常錯失決策的最佳時機。

電影《鐵達尼號》（Titanic，1997 年）的重頭戲，是當船撞上冰山後的災難開始，此刻任何的決策都必須當機立斷，因為每延宕一秒鐘，危險係數都會呈指數增長，此刻哪還有時間留給管理者們召集後坐下來開會討論呢？但決策能力是一項需要經驗累積的技能，無論對與錯，都將成為管理者仕途上的養分，重點是我們從中學到了什麼？

反觀台灣多數的企業主或管理者，他們極少授權（甚至從來不授權），大小事都非得等待他們的指示，這導致組織內的其他管理幹部從沒有人練習過重大決策，所以當這些新科管理者遭遇重大事件、必須立即做出決策時，只因為沒有經驗又不敢扛責任，反倒學會了推拖拉這種不正規的手法；或是形成另一種極端：棄權，這些都是因為缺乏練習決策而造成管理能力低落的主要原因。如果從未練習過決策，誰又敢保證其決策品質呢？

凱文（Kevin）是我在擔任某企業內部教練時重點培訓對象的其中一員。他很年輕、工程背景，從來沒有管理經驗。即使他內心感到恐懼、擔心自己的表現不佳，但他仍鼓起勇氣向我表達，希望我能嚴厲地教導他如何成為管理者。經過數個月的相處，確實他與其他同期接受教練的儲備幹部們相比之下，表現還是相對落後的，但他所展現的堅持與勇氣，足以令我豎起大拇指嘉許。

李維斯（Levis）是該公司新進的荷蘭籍工程師，雖然年紀較凱文長、技術能力也比凱文嫻熟，但在組織圖裡，凱文是李維斯的上司。透過不斷地修正與練習，凱文正逐漸成為合格的管理者，李維斯與凱文兩人之間的溝通與合作，也都在朝好的方向發展中。

就在我快要結束教練合約時，凱文做了一件令我必須為他點讚的決策：

某日，李維斯突然接到荷蘭老家的來電，此刻李維斯父親的病情急轉直下、不容樂觀，當時凱文的直屬上司亞倫（Alan）與總經理漢斯（Hans）兩位大主管也都不在辦公室，此時凱文並沒有打電話給兩位上級尋求請示，也沒找我商量（因為當時我也不在場），而是立即做出了以下幾個決策：

1. 立即同意李維斯回荷蘭探病的請求。
2. 李維斯表示他不想因回國探病而影響工作進度，所以希望能申請一套公司的筆記型電腦與 VR（虛擬實境 Virtual Reality）開發系統帶回荷蘭，方便在照顧父親的同時、也能兼顧工作。凱文不僅同意，還立即幫李維斯打包設備，租借申請書由凱文負責撰寫。
3. 立即幫李維斯訂機票，並表示來回差旅費用全數由公司負擔。
4. 不規定李維斯必須何時返回工作崗位，再三叮囑李維斯一切以家人為優先。兩人可在約定時間進行線上溝通、隨時掌握工作進度。

5. 倘若李維斯有要事耽擱、可能無法完成任務的話，只要向凱文報備，凱文就會設法把工作分配出去，讓李維斯不必擔心工作上的事，將全部心力放在照顧父親身上。

6. 保障李維斯的工作權，讓李維斯得以無後顧之憂。

7. 當天凱文開車帶著李維斯先回宿舍整理行李，然後載著李維斯到機場，全程陪同李維斯直到送他進入海關為止。凱文回家時已接近午夜。

隔天上班，當上司亞倫得知此事時，不僅沒有稱讚凱文，反而責罵凱文不該未經上司同意便做出如此重大的決策，並要求凱文承擔李維斯若未能歸還設備時的全額賠償責任。但凱文當下很自信地回覆上司亞倫説道：「請問亞倫，對於李維斯來説，是他的父親重要，還是我們公司重要？我知道你跟總經理兩人都在客戶那邊，所以我怕打擾你們，但又不希望李維斯因等待而焦慮。若是等到你們給出指示，李維斯很有可能因此趕不上當天的班機。倘若是因為我們的決策延遲而導致他的遺憾，難到他不會把這一切歸咎於我們嗎？所以身為他的直屬上司，我選擇相信他，也願意為他承擔一切後果，我相信李維斯會回來公司上班、更不會耽誤工作進度的」。

當凱文事後跟我分享這件事時，我當下給予他極大的肯定，這就是身為一個領導者該有的作為。也因為他是聽從我的指導而做出了上述決策，所以如果有事，我也會與凱文共同承擔責任，因為凱文並沒有做錯任何事。

結果是：李維斯父親痊癒出院、李維斯在荷蘭期間也順利完成工作、帶著筆記型電腦與 VR 開發設備返回公司。李維斯對凱文表現出的勇敢果決深表敬佩，也期許自己在未來也能成為像凱文這樣的管理者！

凱文告訴我，之所以當下敢做出這些決策，是因為他記得我分享賽門・西奈克（Simon Sinek）的短片裡曾有這麼一段話：「**現代管理者，必須具備兩個核心能力：『同理心與遠見』**」，所以他做決策時沒有絲毫的猶豫，因為他能體恤李維斯當時的心情，凱文所做的決策，每項都符合同理心與遠見這兩項原則。也正因為凱文有了這次練習，我相信凱文在未來做決策時，肯定會更加有底氣，自信心自然也會隨之提升。

像亞倫這種「不先了解狀況，就直接批評部屬」的作為，我是打從心底就瞧不起這種官僚作風的。

沒有任何人是天生的管理者，也沒有任何人從來不會犯錯的，重要的是管理者必須提供各種機會，讓部屬去練習，並讓他們從錯誤中成長，秉持「**有則改之，無則加勉**」的原則，日後組織裡的部屬自然就能為上級分擔更多的工作，讓管理者得以騰出更多時間，去做更多有關管理的本職工作。

三 》對管理缺乏行動的實踐

楊望遠老師，是我這輩子最尊敬的恩師之一。他教會了我許多有關工業工程與輔導的實務做法，這對我日後去製造相關產

業授課時，有著極大的助益，因為當時的我還不具備製造業經驗。

當我在顧問公司時，曾為楊望遠老師安排一場去某筆記型電腦製造商，講授一堂為時兩天的「專案管理」課程，這兩天我全程隨班。這裡發生了一起在日後影響我甚鉅的事件：

當楊老師開始授課不到三十分鐘時，楊老師看出底下某些學員們表現出意興闌珊的模樣，於是楊老師便向學員們詢問原因，此時某位資深協理立即表示：「老師，專案管理這堂課，我都聽過三次了」，其他學員此時也紛紛應聲附和地表示至少都聽過一次了。

面對這種學員們這種赤裸裸的挑戰，著實令我有些感到擔心。然而只見楊老師從容不迫地指示我，要我發給每位學員一張 A4 白紙。然後楊老師向大家宣布：「既然大家都聽過專案管理，而我們今天剛好就在陽明山的溫泉會館上課，那麼我出一道題，請大家寫下答案，題目是『在這裡泡一次溫泉，需要多少成本？』內容必須清楚地列出所有的成本項目與單價」。

幾分鐘後，我回收了所有答案，然後課程繼續，我則是在教室後方進行統計。按照該公司的幹部表示已對「專案管理」爛熟於心的話，那麼照理來說答案應該不會有太大的誤差才對。然而事實是：現場四十位學員所給出的答案範圍，從 0.5 元到 172 元都有，而且所列舉的成本項目與計算方式，絲毫找不出任何統一的規律。

然後中場休息時分，我將統計數據交給了楊老師。楊老師看完之後，在下堂課開始時，向學員們公布了大家的答案後，然後以這段話作為開場：

「知道不等於做得到，做得到不代表做得好」

從家庭到學校、再到社會，我們從中所學習到的知識與技能，迄今應該已累積了不少吧！？但真正能落實應用且累積豐富經驗的人又有多少呢？如同開車一樣，即使我們熟知開車理論，但這並不代表我們就懂得開車；考上駕駛執照，也不代表我們能夠順利上路；即便能夠上路，也不代表我們的經驗老道，唯有落實操作且反覆練習直至熟練者，才有資格說「我會」。

道理人人會說，但管理者絕對沒資格只是知道、而無法做到。

如果我們能明白所謂的**「能力」，是「知識」（知道怎麼做）、「技術」（能做得出來）與「經驗」（有多麼熟練）這三者的綜合表現**，那麼我們就能對下列幾件事，得到合理的解釋：

1. 無論你學歷再高，當踏入社會的那一刻起，其實起點與他人就沒有什麼兩樣了，因為你只是知道，但不代表你能做到，「學歷愈高，代表能力愈高」的這個論點，其實是不成立的。你若想要獲得更高的薪資報酬，那麼請在進入公司之際，不要計較起薪有多少、職位有多高，

而是以工作實力來證明你值這個價，畢竟公司沒有義務為你的學費買單。

2. 因反覆操作、得以累積足夠經驗的老員工，為何在需要改變新技術、新流程或新做法時，往往是第一個跳出來反對的？這是因為他們雖有技術、有經驗，卻未能在平時累積新知識，所以害怕因改變而降低自身的競爭力，他們希望可以憑藉自身豐富的經驗來確保優勢，工作起來還可以更輕鬆點（說穿了，其實就是懶）。所以如果公司打算在未來引進新技術、改變新流程或是新做法時，除了軟性的勸導與溝通外，也得在硬實力的知識與技能上，給予這些老員工持續性的補充，讓他們不再因無知而害怕改變。

3. 經驗是一種習慣，但這種習慣很可能是基於某種反覆的錯誤操作，導致積非成是、而誤以為方法是正確的。特別是管理能力，極有可能是因為某種特定情勢而形成了某種錯誤經驗。如同前面案例所提及的亞倫，正因為他先前是位職業軍人，退伍後接受總經理漢斯的資助而成立了一家七人公司。他慣用「一個口令、一個動作」這種軍事化的管理方式來帶領員工，也確實讓這家七人公司在市場上站穩了腳跟，所以他認為對於任何員工，都得使用軍事化管理才有效。當總經理漢斯公司有難時，他邀請亞倫來這家擁有四十人的公司幫忙工程部門時，亞倫二話不說便答應下來，畢竟他還是懂得知恩圖報的，這點我表示肯定。

然而當亞倫介入不到兩個月的時間裡，工程部的離職率竟然瞬間飆升，半數以上的工程師紛紛提出了離職申請。當人力資源部門主管找亞倫想要討論此事時，亞倫卻振振有詞地解釋那是因為員工自身扛不住壓力、能力不足，這樣的員工不要也罷，並要求人力資源主管繼續招募新人，不必慰留這些沒有本事還想偷懶的員工。

倘若總經理漢斯未能察覺問題的癥結，繼續放任這種「不當經驗」的領導方式，那麼這間公司最終只能培養出一群不懂思考、不敢冒險、無法創新的奴才，甚至未來賠上整間公司，我都不會感到意外。這種領導方式絕對能滿足亞倫個人的統治慾望，卻無法對技術與創新有任何貢獻。其實我能猜到亞倫之所以會拒絕與人力資源部門主管討論此事，其實是他不希望被他人質疑。但更要命的是總經理竟然不分青紅皂白地選擇支持亞倫、而忽視人力資源部門主管的擔憂。**縱容，只會讓事態變得更加嚴峻而難以收拾**。這種因一己之私、固執己見、不願接受改變而導致失敗的企業案例，難道我們還看得不夠多嗎？

管理者之所以很容易因某種成功、導致某種慣性，進而排斥接納新事物或新觀念，正是因為這些**當權者想要保住既得利益與權力，故他們會對自身的行為，賦予合理化的理由，進而習以為常的結果**，這是管理者必須引以為戒的情形。

四》依據成見做出直覺式的反應，缺乏假設與驗證的過程：

管理者很容易陷入一種思考邏輯的誤區領域：

「工作能力強，代表管理能力也不差。」

「有雙博士文憑，此人絕對是個人才。」

「銷售成績斐然，必然能勝任銷售主管。」

「單一公司有十年資歷，代表此人具有忠誠度。」

「在財務部門待過五年，輪調到會計部門應該也能立即勝任。」……

然而事實卻沒有我們想像中來得這麼簡單。

「因為如此，所以一定是這樣」，絕對是導致管理者搞不清楚狀況的元兇。

管理者之所以必須摒棄主觀成見、甚至是個人偏見，就是為了避免因「**錯誤的假設，必然導致錯誤的決策**」的後果。而這種事發生在管理者身上，恐怕大家早已司空見慣了吧？！

記得有次我在結束某企業的會議後，為回饋同仁們的學習熱忱，下午我無償地加碼，借用總經理辦公室隔壁的小會議室，教導人力資源專員索妮雅（Sonia）、秘書艾莉莎（Alissa）以及採購主管阿曼達（Amanda）三人，除了可以讓她們互為職務代理人外，還可以提升每個人的工作多樣性。當課程進行還不到一小時，銷售部主管葛蕾絲（Grace）前來敲我們

上課的門，請索妮雅到隔壁總經理的辦公室。因辦公室的隔音不好，所以我聽到了以下的對話內容（絕對沒有故意偷聽）：

> 總經理：「索妮雅，你最近很忙齁？」（語氣聽起來充滿了嘲諷）
>
> 索妮雅：「報告總經理，請問發生了什麼事嗎？」
>
> 總經理：「葛蕾絲告訴我，她在客戶那邊無法打開給客戶的合約連結，所以沒有辦法給客戶簽約，被客戶當場給罵了。」
>
> 索妮雅：「有啊，連結、密碼我都給過葛蕾絲了啊！」
>
> 葛蕾絲：「哪有？你什麼時候給過我密碼？你自己打開看看。」

當索妮雅確認葛蕾絲的操作步驟後，說道：「上週一我們開會決議，確認更換了新的系統供應商，所以合約連結已經移去了新的伺服器，且為了確保資訊安全，每次都得重新輸入密碼後才能打開，密碼我還替妳備註在記事本裡了。你們兩位還是當天的最終拍板定案人啊！」

此刻總經理跟葛蕾絲兩人都沉默了，然後索妮雅便重新回到我們的授課現場。

> 當下我問了索妮雅：「總經理跟葛蕾絲有向你道歉嗎？」
>
> 索妮雅回答：「沒有。」

上述案例，就是非常典型的依據成見所做出的「直覺式反應」。

所謂的成見，有三種基本樣貌：

1. **缺乏實證的臆測**

   指在欠缺實證、調查、並充分掌握證據前，便「預先」依據自己的喜好、傾向、成見或偏見做出判斷。如：女人比男人更容易感情用事。

2. **主觀意識**

   依據個人的經驗、或不具備足夠事實的基礎，就做出以偏概全的判斷與解釋。如：歐美人比華人更優秀。

3. **選擇性接受**

   當我們內心已存在某種先入為主的觀點後，即使我們知道自己的觀點可能過於片面或狹隘，但仍會選擇性地接受對我們有利的解釋，而刻意忽略或排除那些不利於我們的證據、甚至是反對聲音。如：大公司的制度，肯定要比小公司的制度更優秀。

簡言之，**成見是一種主觀、缺乏客觀事實的個人見解，而且把這種見解無限擴大解釋為普遍事實，從此做為衡量的基準。**

我們必須知道決策能力包含三個過程：

1. **決策前如何辨別訊息的真偽**：決策前倘若未能蒐集到足夠的資訊、從中過濾出錯誤訊息、並透過反覆的假設與驗證，那麼直覺式決策根本就是閉著眼去開賽車，其後果肯定難以估量。

2. **決策執行時，如何保持動態修正所有的不確定性**：當決策被實施時，這個過程中訊息仍會不斷地增加，每條訊

息都會影響我們能否達成預期目標的機率，所以我們必須保持動態修正，才能確保執行方向始終朝向目標前進。而直覺式反應的風險係數肯定相對要更高許多，因為直覺式反應很容易刻意忽視這些新增的訊息。

3. **執行完畢後，要勇於檢討決策品質的良莠，並依據這些結論進行日後的再修正與控制**：沒人能保證決策的結果是 100% 的正確，即使統計顯示 A 案相較於 B 案高出 80% 的成功率，多數人肯定也會選擇勝率較高的決策。然而即使是最差的機率，也有可能因為運氣而成功；即使較高的勝率，也有可能因時運不佳而失敗。但我們不能僅憑結果就武斷地論成敗，而是必須審慎檢查，區分出哪些是決策技術、哪些是運氣成分。直覺式反應大多是憑藉著運氣。企業若想確保永續經營的話，還是不要過度仰賴賭徒心態為宜。

所以依據成見所做出的直覺式反應，絕對是決策的頭號殺手。

五 》對自身的錯誤與不足，缺乏承認的勇氣：

這點也是我個人認為是所有人該有的自覺、甚至是必須優先擁有的個人品質也不為過。

「知恥近乎勇」出自禮記中庸篇，意思是當一個人有了羞恥心之後，就能懂得反省，才能朝向自我完善的道路邁進。然而這句看似簡單的話，我個人也花了超過四十年，才真真切切地理解其真諦。

以前的我有很強的自尊心，凡事我務求盡心盡力，深怕被他人批評，所以在看似自信的外表之下，其實只是為了掩飾我內心的自卑所築起來的防衛機制而已。只要我被他人批評，我下意識都會認為是對方看不起我而心生怨恨。所以我的工作總是開高走低，被自己的防衛心給害死，最後只能轉職另起爐灶。就這樣在職場上浮浮沉沉，最終淪為怨天尤人的抱怨者。

但在企業管理顧問公司任職時，我遇到了改變我一生的恩師－朱鳳麟。

試用期的三個月，我每天只睡三小時，是因為我從來沒有這個行業的工作經驗，所以白天除了跟著顧問們學習，晚上我還得整理當天的筆記與會議紀錄，最終通過了試用期。

然而當我成為正式員工的第一項任務，就是要撥打銷售開發電話時，對於這樣的安排，我的內心感到極度的不悅，因為我心目中的理想工作，就是擔任顧問，可以高高在上的到他人公司進行指導；加上自幼我母親要求我必須好好唸書，以後才能坐在辦公室，千萬不要做銷售這種沒出息的工作，所以我對銷售工作，有著莫名其妙的反感。

正因為我打心底就不想從事銷售工作，所以我的電話開發實際成效為零，三個月過後，依舊沒能締結任何一件案子。總經理跟董事長每次跟我檢討業績時，我自認都有按照公司規定的標準作業流程來完成任務，無奈「客戶沒需求」、「客戶很忙」、

「對方不在座位上」、「找不到關鍵人」……等這些說詞，都變成為我脫罪的辯詞。

正當我猶豫是否要放棄顧問公司這份工作時，時任公司副總經理的朱鳳麟（以下簡稱朱老師），問我要不要編制到他的部門時，當時的我一方面很高興，因為公司裡最強的顧問找上了我，心想這一定是朱老師看上了我的能力；但另一方面我依然開心不起來，是因為我仍舊得繼續做著電話開發工作。當我做了一週後，朱老師找我做了一次深度面談。他說他看著我撥打開發電話時，感覺我並沒有全身心地投入這項任務，於是我把我這陣子對銷售工作的不滿與委屈全數爆發出來。朱老師始終面帶著微笑、認真地聽我說完，並持續做著筆記。

等我把怨氣全數吐露完畢後，朱老師心平氣和地問我：

「宏明，你以前曾經做過銷售工作嗎？」

「沒有啊！」

「既然你沒有這方面的經驗，那為何你對銷售工作如此排斥？」

「我媽說做銷售的人沒出息。」

「按照你的說法，那麼全台灣至少有 1/4 的人都沒有出息囉？」

「朱老師，你這話是什麼意思？」

「根據統計，台灣有超過 1/4 的人，都是從事銷售工作的。」

此刻，我沉默了。

「我不知道你母親為何會說銷售工作沒出息，但我猜有沒有這麼一種可能，就是你母親可能心疼你，怕你未來當銷售太累了？」

「嗯，的確有這種可能。」

接著朱老師繼續問我：

「你知道台灣的企業主，有多少是從事銷售出身的？」

「這個…我並不清楚。」

「超過 80% 以上。」

我只能繼續保持沉默。

但朱老師並沒有苛責我，反而問了我一個奇怪的問題：

「你覺得當『乞丐』有什麼好處？」

為了緩解我自己的尷尬，也為了突顯我的創意，我一口氣說了超過二十多種好處：不用打卡、自己管自己、上班時間自由、以天地為家、哪裡都可以上班…，朱老師也是逐條在白板上認真地幫我做記錄。

等我長舒一口氣後，此刻朱老師突然話鋒一轉，問我：

「那你覺得從事『銷售工作』有什麼好處呢？」

剎那間，我語塞了，我竟然吐不出一個字來。

「按照經濟學原理，我們應該追求利益最大化才對。剛剛你說當乞丐有二十多項好處，而銷售工作你卻沒能說出

一條，你不覺得這表示我們應該放棄銷售工作，改做乞丐才合理嗎？」

又一次，我沉默了，還伴隨著一陣羞恥感。

朱老師依然沒有責備我，反而幫我緩頰說：「我懂，其實有時工作並不是只為了錢，『面子』、『尊嚴』跟賺錢比起來，可能還更重要，對吧？」

朱老師獲得我點頭如搗蒜的回應。

「宏明，如果我能教導你做到『把腰桿挺直了，還能把錢賺到手』的銷售方法，你願意參考看看嗎？」

儘管我心裡還是有那麼一點不舒服，但朱老師所說的話，我絲毫沒有任何反駁的餘地。於是我接受了。

接下來的數個月，無論朱老師再怎麼忙碌，他每天都會堅持對我進行至少一次的對話與指導，並針對我做得很棒的部份，給予我即時地鼓勵與稱讚，這讓我即使面對客戶的屢遭拒絕，自信心依然沒有受到太大的打擊。

當第一個案子成交後，我發現第二個、第三個案子的成交速度正在逐漸加快中，銷售獎金自然也就隨之愈領愈多，於是我購買了人生中第一部行動電話、第一輛汽車、第一套好西裝…，正因為有了朱老師對我的耐心指導，我才能對銷售工作從誤解到理解、從理解到實踐、從實踐到有成就感，自此我便愛上了銷售工作，因為無論是長薪資還是長知識，我都收穫滿滿。

一年後，我與朱老師進行了一次長談，細節我忘了，但大致上是我感謝朱老師對我所做的一切。

然而有這麼一段對話，卻讓我鑴骨銘心：

「朱老師，我記得當時的我工作明明表現得不好，自負、耳背、不聽勸告、脾氣又臭又硬，為何你還會選我到你的部門？」

「因為當時總經理與董事長找我商量，打算要解雇你。」

我當時整個人瞪大眼睛、原地石化了。

朱老師笑笑地看著我，說道：「其實當時的我也覺得你確實不受教，然而我反過來問總經理與董事長，部屬的表現不佳，難道與缺乏培育無關嗎？我知道當一位員工的表現差、脾氣暴躁時，上級主管肯定會選擇儘量躲得遠遠的，但這樣問題是無法被解決的，只會越演越烈罷了。而我知道你並不是沒能力、沒意願，只是缺乏正確的引導罷了，所以我主動請纓，想親自帶領你，看看我們兩個人，能成長到什麼地步。」

我只記得當時的我哭得很用力，而我是個很要強的人，至少我從不在他人面前表露真性情。這也是為何我總是跟他人說「沒有朱鳳麟，就沒有今天的金宏明」，這是我一輩子都沒齒難忘的恩師。

管理者看似不好當,但只要掌握幾項核心訣竅與原則,釐清管理者的本職與角色,其實當個管理者並沒有這麼困難。當看到培育的部屬逐漸成材、各個都有他們的似錦前程時,管理者內心的成就感,絕對是無可比擬的。所以管理者的一念之間,足以決定手底下的員工未來仕途是否順遂、是否能複製合理可行的行為、讓企業確保永續經營的關鍵。

🎙️ 意猶未盡嗎?相關主題推薦聆聽這段專訪

CEO 研究生相談室｜相談室話題

EP39 看影片學管理

獵殺 U571 ▶️

https://www.youtube.com/
watch?v=X_pA8gWToYA&t=3s

Chapter 02

管理者圖像

合格的管理者應具備那些優秀的品質與態度？
哪些事一定要做？又有哪些事絕對不能做？
本篇將帶給您深入淺出的概括、解釋與例證。

管理者與一般職員，在工作內容上有著本質的不同。

然而遺憾的是，當部屬從一般職晉升為管理職時，大多數都未曾接受過系統化的管理培訓，也沒有被告知管理工作的核心技能有哪些，甚至是思維邏輯方式都沒能提前做出任何轉變。所以即便掛名為「主管」，但所做的事，仍與先前的工作內容別無二致。

例如一位因銷售成績斐然、而獲得升遷成為銷售主管的管理者，但大部份的工作內容，仍停留在銷售。當部屬需要主管給予工作指導時，主管自己卻在客戶那邊忙著談案子；當部屬需要主管給出指示或決策時，主管自己也在忙著寫報價單或企劃書；當部屬受到挫折、需要主管給予激勵或勸慰時，主管還在客戶那邊忙著開會討論…，正因為管理者跟部屬爭搶相同的工作，使得部屬根本沒有機會接受更多的指導，導致離職率居高不下、甚至會因此對公司心生怨恨，但管理者始終都有萬年不變的理由：「我很忙」、或是「扛不住壓力的部屬，不要也罷」，別忘了，無論是哪個國家、哪位管理大師所提出的管理論點，「部屬培育」永遠都是每位管理者的核心職能。

每每眼見專業者晉升至管理職後，只因缺乏管理能力，只能看著他們高樓起、高樓塌，內心就百感交集。在我自己的職涯裡，就曾經有過兩次被拔官的經驗，這都是因為自己的管理能力不足所導致的，即使我再怎麼不服氣，但事實就是如此。

隨著歷練增加，我這才意識到，正是因為自己的無能與自負而造就了這一切。這也是從此我在與企業主談論起管理與領導時，用字遣詞不再修飾的原因，因為我曾經有過切身之痛。只要沒有自覺，那麼話說得再委婉也是毫無作用；只要有改善的意願，那麼即使話說得再重，傷痛也不至於持續太久，反而有助於加速認清現況、接納事實，這是我的經驗談。

讓我區分三個章節，來討論管理者應有的樣貌吧。

第一單元　管理者應具備的特質

一 》 理解「犧牲」的真諦，並視之為美德

很多人之所以希望能晉升為管理者，除了是一種肯定、增加收入以外，更多的是期望能獲取某些「特權」與「福利」：有些公司的管理者，上班可以不用打卡；有些企業則會配給管理者獨立且寬敞的辦公室；有些組織還會給予管理者專屬的配車、司機、停車位…等，然而事情並沒有我們想像的那麼單純。

也許多數人會認為管理者手握權力，自然可以享有這些特殊待遇，但鮮少人知道其實這些特殊的福利與特權，都是因為管理者先做出了「犧牲」，所以公司才會給予他們額外的「補償」。

在我擔任某公司的銷售部門協理時，我的手底下有位銷售專員衛斯理（Wesley），他的表現相當亮眼，業績總是名列前茅，所以他期望能獲得晉升的機會。然而連續兩次的考核，我都沒有提報他成為管理職。

當衛斯理再次知道自己沒能獲得我的青睞時，他氣沖沖地來找我理論。

「協理，我明明表現得那麼好，為什麼我卻沒能升遷為主管，能給我一個合理的解釋嗎？」

「衛斯理，我知道你業績表現很好，企圖心也強，理應給你一個晉升的機會。但我想先確認，為何你就這麼想要成為主管？」

「當然是福利與特權啊，就像協理你就有公司配發的停車位、上班不用打卡，還有任用權、考核權，部屬都得服從你的指揮。」

「是的，你說的這些都是事實」，我適時切入他的說話。「但你是不是只看到了我擁有什麼，卻忽略了我為此先付出了什麼？」

衛斯理此時愣了一下。接著我的神情突然變得嚴肅起來問道：「你認為管理者最該具備的優良品質是什麼？」

「我們是銷售部門，當然是看業績表現啊！」

「你剛剛說的是目標達成，這是屬於工作的績效表現，但我問你的是管理者的優良品質。」

「旺盛的企圖心？」

「這點確實很重要，但這仍非第一優先。」

「那是…什麼？」衛斯理帶著狐疑的眼神看著我。

「我上下班確實不用打卡，但你何時看見我晚進公司、還是早退過？」我問道。

衛斯理沉思了一會兒，然後回答道：「好像每次我到辦公室時，協理你已經在座位上了。而且我離開時，你也還在公司。」

「很好，那你再想想，當你們當天完成工作報表、隔天再來公司時，我是不是已經完成審核、批閱、並寫下回饋了？」

衛斯理點點頭表示同意。

「但凡部門裡只要有人需要找我商量、需要我決策、需要對報價單用印時，我是不是都儘可能地放下手邊工作，優先完成你們的請求，這其中也包含你在內？」

衛斯理繼續點頭，此時怒氣值明顯降低了不少。

「我有沒有在你們下班後，還給你們交辦任何工作？」

衛斯理搖頭表示沒有：「你交辦我們工作的時候，都是在上班的時間內。」

「所以衛斯理，我希望你能明白，身為主管，我必須體恤部屬，這就代表我得花費更多的時間在關注部屬，而不能只貪圖自己一時的方便。」

衛斯理似乎有點明白了。此時我拍拍衛斯理的肩膀，說道：

「正因為我做出了犧牲，花費更多額外的時間與力氣去指導培養你們；減少自己的休息時間來處理公事，只希望能幫你們騰挪出更多時間去陪伴你們的家人或休息；儘量減少我的外出與會議，只為讓你們隨時都能找得到我；我會盡力為你們掃除工作中的障礙、為你們尋找支援與資源。正是因為我的付出，所以公司才會補償我額外的福利、待遇與特權。衛斯理，你的確在業績上的表現堪稱頂尖，所以薪資與獎金，我一樣都沒少給你。但如果你只是想要

得到特權或福利、卻沒有做出犧牲的覺悟，我是絕對不會考慮升遷你的，**因為不懂得犧牲自我的管理者，日後必然會犧牲部屬來成全自己**。」

也許很多人會認為「犧牲」這個字太過理想化了，這並不是每個人都能做得到的。我接受這個說法，那就讓我來降低一點標準，要求管理者至少必須得做到「無私」，這個條件夠合理了吧！？

我個人對無私的理解是：起心動念之間，管理者先想到是部屬與公司的利益，還是先想到自己的？

在企業管理顧問公司已有十年資歷的銷售雅典娜（Athena），我曾跟她合作過許多次，真心覺得這個人非常優秀，如果我自己有公司，我會想挖角她。但當我聽聞她提出辭呈的消息時，我還是感到相當錯愕，當時我們還有一個要給客戶的提案尚未完成呢！

後來我跟雅典娜的老闆聊天時，他表示雅典娜是個忘恩負義的部屬，虧他平時對她那麼好。當下的我也只能尷尬地陪笑，畢竟這只是來自雅典娜的老闆單方面的說詞。

正當我很想了解這整件事的全貌時，恰好雅典娜來電打算約我一起用餐，並想對我表示歉意與謝意。

用餐完畢後，我忍不住詢問她離職的原因（但我並沒有把先前老闆對她的抱怨轉述給她），雅典娜此時娓娓道來：「我為公司打拼了十年，迄今我仍停留在銷售這個職位上；但老闆的姪女卻在來公司不到六年的時間，就已經晉升到副總經理的位置了。如果我只是個追求穩定的員工，那麼對於這樣的安排，我必然不會有任何異議。但我不只一次地跟老闆提出我想成為主管時，老闆總說他會考慮的，然後就把我說過的話晾在一邊；其實我是擔心自己在一個職位待得太久的話，恐怕會失去競爭力。後來我換了個思路，問老闆能否讓我輪調到其他部門學習新技能，即使是兼任也沒關係，但老闆說他需要仰賴我的力量來繼續創造業績，所以他沒有同意我的輪調請求。考量到自己未來的職涯規劃，我只能忍痛選擇離開了。」

無論管理者的詞藻有多麼地華麗、理由有多麼地正當，只要起心動念是源於自私時，部屬遲早會察覺你的真實意圖，只是他們選擇看破而不說破罷了。這也解釋了很多老闆總會抱怨員工為何在羽翼豐厚之後，便會選擇離開的原因。管理者們是否也該捫心自問，只想靠部屬來成就自己的私心，是否正是導致部屬離職的原因呢？

改變自我，做個願意為部屬犧牲奉獻、有擔當的領導人吧！

請各位靜下心來回顧一下，在漫漫的職業生涯裡，你是否曾遇見過不稱職的管理者呢？他們有哪些做法讓你感到心寒與失望的？

我個人期望的領導者，應該是具備寬闊的心胸能廣納建言、對資訊保持透明、秉持公平的原則態度對待每個人、定期與部屬進行一對一談話、協助部屬規劃並發展職涯、允許部屬有發洩情緒的空間、幫助部屬釐清問題、手把手地教導部屬…等。然而前述的這些行為，我在許多企業裡是幾乎看不到的。身為部屬，明知這些管理者特質，都是我們所期望的，卻在自己成為創業家或管理者之後，就將它們悉數拋諸腦後，繼續效仿過往錯誤的領導方式來帶領團隊，請問各位，這是個什麼道理？

賽門・西奈克（Simon Sinek）在他的著作《最後吃，才是真領導：創造跨世代溝通合作的零內鬨團隊》（Leaders eat last：Why Some Teams Pull Together and Others Don't，天下雜誌）裡，提到一個概念：「當領導者有代價」，意思是身為領導者，不代表我們有特權；相反的，我們得付出更高的代價。

「**領導的成本，是自我利益**」，這是美國海軍陸戰隊中將喬治・佛林（George Flynn）對領導的詮釋。優秀的領導者，是願意犧牲自己來保護團隊之人，而不是出了問題，就找部屬當墊背，這是「當責」最低限度的要求。

該書提到這樣的概念：為什麼我們會對某些位居高位、領著不成比例的高薪之人，會感到如此憤怒呢？因為這與薪酬的高低無關，而是關於「社會契約」這個議題。

我們都知道許多地位與權力很大的高階管理者，拿到超額的薪酬福利，卻沒能保護他們的員工，甚至還會犧牲部屬來保護個人利益，這就完全違背了領導者的社會契約，所以我們才會感到如此義憤填膺。假如我們給予南非總統曼德拉（Nelson Mandela）或是德雷莎修女（Mother Teresa）上億美元的薪酬或獎金時，你是否還會感受到任何的不舒服或不公平？我相信應該沒有人會反對的，這是因為他們都遵守了社會契約：**履行應盡的義務，也願意為了追隨者的利益，自願犧牲奉獻。**依據上述這個標準，我們應該反思的是：我們是否善盡了照顧部屬的責任？我們是否有勇氣面對危難？我們能否把部屬的利益置於自己之上？唯有願意為他人的利益著想而不惜犧牲個人利益之人，才能配得上「強者」這個頭銜。

從客觀的標準來看，那些為了提高自己地位以享受特殊待遇，卻無法履行領導責任之人，肯定是個「弱雞」。讓一個「弱雞」來擔任你的上司，你會心悅誠服嗎？儘管他們可能擁有過人的聰明才智、豐富的人脈，和一帆風順的仕途，但我堅信唯有承擔保護部屬責任的領導者，才有資格配得上「領導人」這個稱號。

身為組織領導者，不該總是要求提高地位，之所以他們能獲得部屬的敬重與感恩，正是因為他們的犧牲奉獻，部屬才願意給予領導者地位，這才是良性循環，是真正值得信賴與效忠的管理者。

請各位一定要謹記這個道理：你能從職務或地位上所獲得的任何福利、好處或待遇，這些都不是賜予你本人的，而是給予你所擔任的職務與角色；等你脫離了那個職務之後，你才能明白自己在部屬心目中的地位，到底是重是輕了。

二》寬廣的「格局與胸襟」

在我所接觸過的諸多管理者，除了「傾聽」與「邏輯思考」這兩項，分別位居管理能力的倒數第一與第二，「格局與胸襟」則是排行倒數第三的能力。

當一個人只想聽到自己想聽的、遇到批評就辯解，那麼職位愈高，對企業的危害程度就愈大，甚至因此毀掉一間企業都不會讓我感到意外。

由克里斯汀・貝爾（Christian Bale）與麥特・戴蒙（Matt Damon）聯合主演的電影《賽道狂人》（Ford V Ferrari，2019 年）是一部講述在 1966 年、福特汽車打敗法拉利的故事。

儘管這部電影有諸多情節與歷史事實不盡相同，但我們不難發現，該片的確很真實地反映出許多當今企業的高層問題。

當賽車手肯・邁爾斯（Ken Miles）針對新上市的野馬（Mustang）跑車直言不諱地批評後，從此副總裁畢比（Leo

Beebe）便記恨在心，屢次針對肯‧邁爾斯搞小動作，只為
扳回自己的顏面，至於能否贏得大賽，在他眼中似乎變得相對
沒那麼重要了。

如果福特的副總裁畢比能以開闊的胸襟、虛心地向肯‧邁爾斯
請教的話，說不定今日的福特汽車歷史，將會改寫出不同的
篇章。

所以日後當我碰到那些雞腸鳥肚、其器小哉的管理者時，我會
推薦他們務必觀看此部電影，並贈送他們這麼一段話：

**當管理者的心胸狹隘、做不到廣納建言的話，終究會毀在自
己的剛愎自用裡。**

至於要不要改、想不想改，完全存乎於管理者的一念之間，反
正企業倒閉了、組織衰敗了，最終也是高層管理者們必須全權
扛下的責任，但其他員工們又何罪之有、需要跟管理者們共同
背負這個不幸呢？

歷史上記載的肯‧邁爾斯（Ken Miles），人際關係的確有其
嚴重的缺點。但若是福特汽車真心想要贏得「利曼 24 小時耐
力賽」（法語：24 Heures Le-Mans）的話，那麼當時肯‧
邁爾斯的技術能力，絕對是不可或缺的力量。此時高階管理者
就要懂得善用這種「能力高端、但人際關係有缺陷的部屬」，
至於個人面子置於組織目標之前，其實根本不值一提。

如果福特汽車真心汲取教訓的話，那麼他們絕對不會止於
1966 ～ 1969 年這四連霸的成績而已，這只是在吃 GT-40 這
部賽車的老本。而且截至 2023 年為止，福特汽車始終未能重
返利曼賽車的冠軍寶座，而這也恰好暴露出高階管理人的領導
能力與決策問題。但令我覺得有趣的是「**歷史總是異常的相
似，且總是在重複地發生**」，即使我們早已心知肚明，但我
們依然選擇繼續犯相同的錯，只因為我們都自以為是地認為我
們跟別人不一樣。

另一個與格局相關的議題，就是多樣化（Diversify）與包容性
（Tolerance），尤其是想要實現跨國企業理想的創業家，這
兩個議題更是無法迴避。

讓我們先思考以下五個問題：

1. 為何組織裡存在著「同工不同酬」的現象？
2. 同樣是工作者，為何仍有種族、年齡、學歷、…等不平
   等現象？
3. 「玻璃天花板」（Glass Ceiling）為何發生在女性工
   作者的比例如此之高？
4. 為何管理者總愛用自身的價值觀，來衡量部屬的思想與
   態度是否正確？
5. 為何外資管理者，經常看不起當地的工作者？

任何國際級企業或組織，都應該要有「**無條件接納員工個體
的差異，包容各式各樣的理念與價值觀，對國籍、種族、年**

**齡、性別、身體殘疾…等，將多樣化的員工，融合在共同的
企業文化裡**」這種價值觀。然而，前面提及的五個思考項目，
不正是我們當下的真實處境嗎？

如果我們無法克服多樣化與包容性，那麼請管理者做好準備，
因為你一定會被迫面臨一道終極議題：「歧視」，尤其是性別、
膚色、年齡、語言、文化、生活習慣，乃至於宗教與政治立場…
等的歧視問題。

我最常聽到管理者喜歡這樣要求部屬：「**為何你不能像我一
樣努力工作？為何你不能為公司多犧牲奉獻一點？**」這些話看
似有道理，其實這已嚴重違背了包容性與多樣化，因為你是拿
自己的價值觀去衡量對方的價值觀，卻忽略了對方只不過是個
謀職者，來公司只為求財、求官、求發展罷了，他們不是創業
家，所以當下員工的觀念、思想與態度，實在是沒必要與你一
致。如果這些員工的想法跟你完全一樣的話，說不定他早就成
為你們公司的競爭者了。

在我服務過的跨國公司裡，有這麼一個案例，始終壓在我的心
頭上，久久無法釋懷：

麥克（Mike）服務於某日商台灣分公司的工程部門，工作能
力一流，敬業精神令人敬佩，對部屬的指導與關心堪稱無微不
至，是部屬樂於追隨、以身作則的好主管，也是我指導過的所
有學員裡，最令我引以為傲的好學生。然而當該公司新輪調的

日籍主管進藤（Shindo）到任後，這兩人的關係從此變得劍拔弩張、異常緊繃。

某日，進藤向麥克問道：「你認為是工作重要，還是家庭重要？」麥克毫不猶豫地回覆道：「當然是家庭重要啊！」，然後這兩人便在這個議題上吵得不可開交，從此關係更加惡化，最終是以麥克的離職才結束了這場鬧劇。

然而正是因為麥克的離職，導致他手底下的十位部屬也跟著相繼離職，這對工程部門造成了無法彌補的傷害，導致公司不得不重組這個原本很賺錢的事業部。然而事過境遷，這麼多年過去了，這個部門也無力再重振往日的輝煌，畢竟核心幹部早已分崩離析了。

日本與台灣的職場文化，從根本上就存在著差異。無論是國與國之間、地區與地區之間，乃至於個人與個人之間，在理念與價值觀，都不可能完全一致的。

進藤是「武士道精神」的信奉者，他認為效忠公司是員工必備的優良品質，凡事均應以大局為重，為公司肝腦塗地也理應全力以赴、在所不辭；然而麥克則認為家庭才是自己的根本，他不可能為了保住工作而犧牲家庭，為此他寧願提升工作效能與效率、只為讓自己能提早回家，也不願犧牲陪伴孩子的時間。

其實這兩個人都沒有錯，錯就錯在其中一方想要強加自己的理念或價值觀給另一方，或是用自己的價值觀去衡量對方，這才有了衝突與矛盾。

倘若部屬會擔心因自己結婚而影響工作、或是因工作而影響家庭時，你認為這位部屬還能夠安心、快樂、心甘情願地為公司效力嗎？如果某位女性因為害怕失去工作，而不得不配合公司的政策，所以承擔了過多的工作量，最終導致家庭失和、或是健康亮起紅燈（我就見證過多起為了成全公司而導致家庭破碎的案例），請問身為這些部屬的管理者們，你們的內心就沒有感到絲毫的愧疚嗎？

請各位牢記在心，管理者只是部屬在職場上的過客，而非是他們人生的全部，請管理者們不要逼迫部屬必須在工作與家人之間做出抉擇，更不要去跟部屬爭論誰才是最重要的，如同我們常聽到一方想要確認另一方是否更愛自己的偽命題：「我跟你媽同時掉水裡，你會先救誰？」

網路上有關格局與胸襟的文章實在太多了，任何一篇都寫得比我好，所以在此就請容我藏拙了。僅以一句話做為本篇的總結：

格局寬廣，才能胸懷天下。

三 》 遼闊的「遠見與視野」

我不確定這則寓言故事出自何處,卻令我很受觸動:

一位盲人問聖‧安東尼:「有什麼東西比失去視力更糟糕?」他回答說:「有,那就是失去你的遠見與視野!」（A blind person asked St. Anthony: "Can there be anything worse than losing eye sight?" He replied: "Yes, losing your vision!")

所有從事銷售的工作者,肯定都曾面對過「採購方永遠都要殺價」的這個終極議題。如果你不願降價,肯定會有其他銷售方樂於降價以獲得訂單。所以即使企業有再崇高的願景,大聲疾呼「價值」與「品質」的理念,但最終都不得不面對「殺價」的威脅。

其實我們心中都明白,價格與品質,這兩者之間有著高度的關聯性,然而這個世界上並不存在有「既要馬兒好,又要馬兒不吃草」的這等好事,所以當價格下降時,代表獲利能力也會隨之下滑,如果企業想要繼續存活,到底應該如何因應呢?

答案既簡單又粗暴,幾乎都是刪減成本:持續向上游廠商施壓以降低採購價格、調降員工薪資、刪減行銷與培訓預算,更甚者則是偷工減料、降低品質標準,置企業商譽於風險而不顧。當上游廠商的員工們賺不到錢時,肯定會影響其消費力,然後

因為客戶的不消費,導致企業賺不到錢,然後再回頭去繼續刪減成本…,如此惡性循環,最終還不是反噬到自己身上了?這就是「自己做業自己受」的最佳寫照。

反觀那些以品質與設計為傲的企業商品,哪樣不是我們願意花費大把鈔票去購買的?蘋果(Apple)的 iPhone 佔有全球智慧型手機 60% 的市場;戴森(Dyson)吸塵器雖是後發品牌,迄今也有 25% 的市場佔有率;保時捷(Porsche)汽車是福斯汽車(Volkswagen)集團裡的子品牌,即使保時捷的引擎與底盤,與福斯、奧迪(Audi)都是共通的,但售價卻遠遠超出福斯汽車許多;精品裡的古馳(Gucci)、路易威登(Louis Vuitton)、香奈兒(Chanel)、勞力士(Rolex)、迪奧(Dior)、愛馬仕(Hermes)…,這裡面有哪一個品牌的價格是相對「便宜」的?

我並非批評「低價策略」是錯誤的,畢竟市場上仍存在有這方面的需求。但放棄原則、不顧底線的降價,絕對是錯誤的,否則地溝油、塑化劑、瘦肉精、三氯氰胺混奶粉、工業酒精混食用酒精…等這麼多起「食安危機」是怎麼爆發出來的?一昧地降價,最終迫使企業必須劍走偏鋒、做出觸及道德危機的決策,這就是短期利益的副作用,也是管理者缺乏遠見的例證。

由井上雄彥(以下簡稱井上老師)編繪的高校熱血籃球漫畫,迄今仍是運動漫畫界的天花板,無人能出其左右,這正是因為漫畫家井上老師做出了三件很有遠見的事:

1. 九〇年代的日本社會，普遍喜歡棒球與足球，所以運動漫畫也大多是跟隨該風潮的題材。然而井上老師卻拒絕跟風，而是憑一己之力，創造了籃球風。當時有多少人因為這部漫畫而愛上了籃球，甚至步入了職業籃球的世界。

2. 對於動畫公司的亂改劇情，井上老師決定將版權收回，所以動畫版少了湘北 VS 豐玉、以及湘北 VS 山王這兩場比賽。

3. 當連載勢頭大好時，幾乎所有的漫畫家都會選擇順勢繼續畫下去。然而井上老師卻是讓這部漫畫止於湘北 VS 山王一戰。

從商業的角度來看，既然這部漫畫如此受到廣大讀者的歡迎，即使繼續發展下去很有可能會讓劇情爛尾、甚至荒誕，但只要有利可圖，資方當然還是希望井上老師能夠繼續畫下去；然而井上老師在開始構思這部漫畫時，就已經設定了終止於全國大賽的結局，即使集英社當時威脅井上老師若不繼續連載，就要終止合約。但井上老師依然堅持交出最後的畫稿，讓故事落下帷幕。

這部漫畫從 1990 開始連載、六年後結束，銷售量已突破了一億七千萬冊，且迄今仍未停止過討論與關注，這是因為無論從哪個年代、哪個人生階段，這部漫畫都能帶給我們強大的情緒渲染與人生體會。感謝井上老師的遠見，方能造就這部堪稱

完美的顛峰之作，因為井上老師深信「**青春本來就是不完美
的**」的這個道理，而這才是真正的現實。

即使能獲得短期利益，但從長遠角度來看，遲早會遭到反噬。

管理者若能堅守原則，以時間來證明品質是經得起考驗的，
終究會贏得顧客的信賴。但願每位管理者們都能將眼光放遠，
放棄短期利益。我真心的相信，只要心存善念、堅定理念與原
則，終究會有回報的。

我們該如何培養自己的遠見與視野？

個人認為只要做到以下五件事，假以時日，視野與格局必然會
大幅增長：

1. 投資自己

   股神華倫・巴菲特（Warren Buffett）在接受媒體採訪
   時曾說過：「**有一種投資，好過其他投資，那就是投
   資自己**」，因為沒有人能奪走你所學到的東西。
   「**一命二運三風水，四積陰德五讀書**」，這段話最早
   出自清代文學家文康所著的「兒女英雄傳」裡，形容人
   的一生中受到哪些因素影響，成功與失敗應注意哪些
   事。這段話指出一個人的命運是根據什麼原因所造成
   的，其中「讀書」這項，就是我們改變命運最便捷的方
   法之一。

首先，讀書就像儲蓄一般，需要日積月累，方能有所成就。

其次，讀書需要養成習慣。歷史證明，但凡有成就的企業家或君主，他們幾乎都有某種良好的習慣，而讀書正是最容易養成「自律」習慣的方法之一。

第三，讀書可以靜心。因為只要心靜不下來，就根本吸收不了任何知識，也無法思考任何問題。

第四，讀書可以幫助我們通過各式各樣的考試，進入理想的學校、企業或單位。

第五，讀書可以透過擷取他人的知識與經驗，減少自己走冤枉路、或犯不必要錯誤的機會。

其他還有接受培訓、考證照，這些都是很棒的自我投資。

最後，也是最重要的，就是投資自己的健康。因為即便有再多的夢想，只要沒有強健的體魄，那麼一切都是空談。

2. 堅持重複做一件事

功夫巨星李小龍（Bruce Lee）曾說過：「**我不怕我的對手練會一萬種踢法；我最怕的是對手把一種踢法，練了一萬次。**」

湘北 VS 山王的比賽，最終是由櫻木花道的中距離跳投完成絕殺反超比分，這是他以一周時間的代價、練投了兩萬顆球所取得的成果。在湘北對上豐玉的那場比賽，

南烈故意給了流川楓一個肘擊，使得流川楓腦震盪倒地不起，左眼也腫得睜不開；然而流川楓於下半場再度登場時，發揮依然超常，即使閉眼投球也依然能投進，這正是流川楓對單一投球姿勢練習超過數百萬顆球所累積的經驗。任何職業達人，哪位不是透過反覆練習、形成肌肉記憶而獲得成就的？管理技能也是相同的道理，光是讀書談理論，只要沒有付諸實踐、反覆練習，那都只是海市蜃樓、紙上談兵而已。

短視近利之人，會因為短期內看不到效果，便萌生放棄的念頭，有恆心與沒耐心，隨著時間的推移，這兩者之間肯定會產生差距，而且距離肯定會愈拉愈遠。

那些能夠走得長、走得久、走得遠的管理者，哪一位不是在埋頭苦幹、精益求精呢？**成就源於堅持；輕易放棄，終究一事無成。**

回想起櫻木花道第一次被赤木晴子問道：「你喜歡籃球嗎？」櫻木當時說自己最喜歡籃球時，只是為了討心儀女生歡心所編織的謊言；然而與山王一戰，櫻木救球時將自己的背部摔傷、躺在場邊回想自己的過往：從無所事事到有了目標、從門外漢到籃板王、從基礎運球到反覆練習中距離跳球…，最後回想起第一次遇見晴子，她問櫻木是否喜歡籃球時，櫻木此時突然跳起身來對著晴子說：「我最喜歡（籃球），這次絕不說謊。」正是這一次又一次的反覆練習，內心的目標才能愈來愈清晰、意志才會愈來愈堅定。

每每在我回憶到上述的這段情節時，心裡總會湧起萬千思緒，因為心中若失去目標、沒有理想，那麼即使給你再好的待遇、再好的職位，終究也會有感到疲乏的一天，這也解釋了為何堅持重複做一件事，與遠見有其相關聯的原因。

年輕人有創意、有理想，這絕對是值得嘉許的；但若想把理想予以實現、自身卻沒有足夠的豐富經驗做為後盾的話，恐怕也是難以成事的。

李小龍之所以能自創「截拳道」，正是因為他有深厚的「詠春拳」做為根基，在反覆練習中領悟拳理，因此創造出新的拳種。

通過反覆的練習，可以讓我們的視野看得更遠、更透，這是因為在經歷看似枯燥的過程，我們才會發現自己還有哪些不足之處，然後加以改善、修正，再重新來過。期勉我們大家都能莫忘初心，如此才能保持熱情、繼續堅持、最終豐收。

3. **不要致力於打敗對手，而應視他們為可敬的對手**

不服輸，在態度上是對的。然而只是因為不服輸就非得努力去打敗對手的話，這就不一定是正確的思路了。

賽門・西奈克（Simon Sinek）在他的著作《無限賽局》（The Infinite Game，天下雜誌）裡，告訴了我們一個很重要的觀念：對於大多數人而言，「獲勝」這個概念已深植我們的思考模式裡，所以每當有對手出現時，

我們便會很自然地萌生「對抗」的念頭，即使明明是我們不擅長的事，也想要一較高下，這就是「競爭」。但如果我們採用《無限賽局》的論點來重新審視時，我們就不該再把其他對手視為必須擊敗的對象，而是可以幫助我們進步的可敬對手。

與對手競爭是為了使我們持續追求獲勝；但尊敬對手則能啟迪我們改善自我。前者關注結果，後者專注過程。

在工作中，我見過不少管理者很喜歡證明自己比部屬強，其實這種想法大可不必。因為管理者若過度在意與部屬一較長短的話，很容易就會陷入無止盡的忌妒與不安全感當中，於是把精力都花在如何克服弱點，把力量全都放在如何打敗對手。針對同儕也就算了，竟然還跟自己的部屬較勁，這屬實就有點說不過去了。

無論是同行、還是異業，無論是上級、同儕，還是部屬，只要對方有做得比我們更好之處、或擁有更優秀的人品、或是能夠生產出更優秀的產品、比我們更懂得管理、心存更強烈的使命感…等，我們都不需要為此感到忌妒、更不必斤斤計較，這是因為每個人都有其強項與弱勢，甚至是極限，所以硬是要挑戰自己不擅長的領域，實屬是意氣之爭、毫無意義可言；但我們必須承認對手有值得我們學習的地方，這便是《無限賽局》的核心，也與「遠見及視野」的觀點不謀而合。

4. 對目標的堅持，以及不輕言放棄的決心

「現在放棄的話，比賽就結束了。」

這是安西教練的名言，相信大家應該都記憶猶新吧？

而這個管理者必備的特質，也呼應著前面所提及的「堅持重複做一件事」。這項特質也與負責、當責、使命感、自主性…等，有著莫大的關聯性。

但該放棄的時候仍不認輸的話，可能在某方面就有點過頭了。「別人能，你也能」的這句話，其實是不正確的。

但上述這番論點，怎麼好像與這個章節想要傳達的理念有所出入呢？請容我為各位花點篇幅好好解釋：

想要設定人生目標、做好職涯規劃的話，我們必須考慮自身的六大關鍵：天賦、技能、興趣、個性與價值觀，以及職業適性（Career personality Aptitude）傾向，方能讓夢想落實且熱情不減。

(1) 天賦

指的是一個人與生俱來的能力。從事與天賦相關的工作，不僅學習速度比他人更快，還是成為大師的關鍵。

我曾學過口風琴、鐵琴、吉他與鋼琴，但我對聲音的辨識能力實在弱得可憐，所以即使我再怎麼苦練，充其量也只能靠背的，永遠也無法達到如爵士樂手那般揮灑自如、隨心所欲的境界。

天賦大致可分成語言智力、數學邏輯、視覺空間、人際智力、肢體動覺、音樂節奏、內省能力與自然

能力等八大項，這些都是可以透過測驗發掘的。透過測驗我才知道，原來我就是個音癡，絲毫沒有任何天賦可言，所以學習樂器或舞蹈對我而言，根本就是折磨、毫無愉悅感可言。但當我從事與人際智力相關的工作時，就顯得游刃有餘、如魚得水了。

(2) 技能

指的是後天依靠學習所獲得的技能。學校裡與職場上所學習的技能，都是屬於這個範疇，管理能力當然也是一樣的。如果畢業後沒能應用校內所學，也千萬不要感到沮喪，因為除了某些特殊專業技能非得相關科系不可，其實許多現職的工作者，往往都未能學以致用，只要我們願意在職場上持續學習新技能即可。我自己是學習阿拉伯語的，除了曾在德國漢諾威展覽出差時用過一次，在我所有的工作歷程中，根本毫無用武之地。把職場視為一所學校，保持樂於學習的心態即可。

(3) 興趣

做有興趣的事，一小時感覺像一分鐘，怎麼做都不會覺得累；做沒興趣的事，一分鐘彷彿一小時，內心永遠充滿煎熬，這也說明了為何我們在玩樂時都不會感覺到累的原因。所以當你懂得管理後，就會知道如何把職場塑造成遊樂場，把目標與任務當成通關的必經之路，讓大家都能樂此不疲。

但有興趣並不代表能做得好。我個人對美術有興趣，也學過六年的水彩與素描，曾經夢想成為漫畫家，

還參加過第一屆台灣舉辦的漫畫大賽。但在看過當年的冠軍作品、對比自己的技術能力，還曾接受過鄭問（台灣知名漫畫家，以水墨手繪漫畫獨樹一幟，代表作品有《阿鼻劍》、《刺客列傳》、《東周英雄傳》…等）的指點後，就知道自己並不具備大師的天賦後，所以我選擇放棄繪畫做為志業，只把它當成一種休閒。現在的我拿製作模型當消遣，朋友們喜歡的話，還可當禮物送出去，但技術能力遠遠達不到可以用來賺錢的地步。

(4) 個性

這個部份用最簡單的說法，就是「適才適所，把人放在合適的位置」

例如只要有企圖心、或是有充分的動機，那麼無論個性是內向還是外向，都能勝任銷售工作。外向者積極、勇於冒險，可以從事開創型的銷售工作，適合開疆闢土；內向者性格穩定，可以從事維繫型的銷售工作，適合守住成果。

讓我用以下這則寓言故事，來說明個性是什麼：

去過廟的人都知道，進廟首先會看到彌勒佛的笑臉迎客；而在彌勒佛的北面，則是身披鎧甲、手持降魔杵的韋陀。

相傳很久以前，彌勒佛與韋陀並不是在同一座廟裡，而是分別掌管不同的廟。彌勒佛熱情、笑臉常開，所以廟裡總是香火鼎盛；但因為他的不拘小節，所

以總是丟三落四，即使奉獻十分豐厚，但帳務管理做得實在太差，經常搞得入不敷出。而韋陀與彌勒佛個性恰好相反，他重視細節，但因個性太過嚴肅，導致香客愈來愈少，捐獻自然也隨之減少。

佛祖在查看香火的時候，發現了這個問題，於是便將他們倆位放在同一座廟裡：由彌勒佛負責公關，笑迎八方香客；韋陀因奉公守法，便安排他負責管理財務；在兩人的分工之下，從此廟裡香火鼎盛、一片欣欣向榮。如果把彌勒佛擺在管財務、把韋陀放在大門迎賓，那麼績效表現肯定事倍功半。

所謂適才適所，就是將恰當的人，放在恰當的位置。其中「個人」與「環境」的「配合度與適應性」，是人才管理的關鍵。

(5) 價值觀

價值觀指的是一個人在處理事情判斷對錯、選擇、取捨時的內心標準，這種評判的標準，就是價值觀；在不同的價值觀之下，自然會產生不同的行為模式。簡單說，價值觀是一種內心的原則，是面臨抉擇時的判斷準則。

如「誠信」之人，說話坦率，樂於對他人說明真相，容易贏得他人信賴。「自律」之人，能自動自發、對目標貫徹到底，不需要給予強制的規則與督導。而「自私」之人，乃是以自我為中心，凡事總優先考慮到自己的利弊得失…。

倘若我們當前所做的工作內容、或跟隨的管理者、或身處的組織，實在無法符合我們的價值觀，那麼我們肯定會過得很痛苦。

(6) **職業適性**：是美國職業心理學家 John L.Holland 的理論，指的是找尋一個可以滿足個人適應傾向層（hierarchy of adjective orientation）的狀態。簡單來說，就是一個人對該項工作是否感到滿足、穩定或有成就感，與其個性及工作環境是否能切合「人格傾向」與「偏好活動」，有著極密切的關係。六種職業適性如下：

類型	工作特點	個性特色	代表性職業
實際型 Realistic Type	喜歡靠雙手工作。適合從事與機械、勞動等需要操作工具或體力的工作	具備務實態度、喜歡接觸機械或工具	農業、消防員、考古、工程師、技師、電工、與動物相關的專家（如獸醫）
研究型 Investigative Type	具備觀察、評鑑、推理等能力，適合科學研究、探索自然、觀察人類行為	講究科學合理性與邏輯性、具有嚴謹的態度、能長時間獨立作業	科學研究人員、實驗室相關工作、心理學家、社會觀察家

類型	工作特點	個性特色	代表性職業
藝術型 Artistic Type	有藝術細胞、有獨特的情感表達力、情緒渲染力、直觀能力強	富有創意、從不循規蹈矩、總有突發奇想的點子	作家、音樂家、詩人、畫家、演員、服裝設計、編劇
社會型 Social Type	喜歡與人接觸、特別擅長與陌生人攀談、感性能力強	能透過命令、教育、輔導、諮商等手段，樂於助人之人	教師、諮商員、外交公關者、志工、導遊、護士
企業型 Enterprising Type	具有十足的領導力，口才極佳，對銷售、宣傳、行銷等具有主導性與說服力的工作熟稔	有企圖心、外向、自信、喜歡競爭與挑戰	律師、管理者、政治家、保險業務、新聞業、市場行銷與管理
傳統型 Conventional Type	不會對反覆週期性的工作感到厭煩，對文件歸檔、紀錄、驗算等能力有獨到之處	有責任感、被信賴、重細節、講求精確	會計師、出納、文書處理、資訊管理、打字員、秘書、

要一位「傳統型」的人，去從事「企業型」的工作（如創業）並非不可能，但他不會比做傳統型工作來得更快樂；讓一位「藝術型」的員工去循規蹈矩（如文書處理）也不是做不到，但他肯定很難提得起勁。

我自己就曾做過兩次職業適性測驗，兩次結果幾乎完全一致。從測驗結果得知，我的「社會型」是滿分一百，所以我從事這方面的工作，會獲得極大的心理滿足；而我的「研究型」則有八十分，所以我可以獨自一人有耐心地從事研發工作；而我的「傳統型」則是零分，所以我是完全不適合從事一成不變、周而復始的工作。

工作本身沒有好壞貴賤之分，只有是否適合做該項工作的人。

除了前面六項，我額外送給大家另一個影響很深、卻經常被忽略的第七項－**「特色」**。

國際巨星阿諾‧史瓦辛格（Arnold Schwarzenegger）的明星之路，是段很有趣的歷程。這位奧地利籍的演員，在年輕時曾許下三個願望：到美國、當演員、娶甘迺迪家族的女性，當時的童年玩伴紛紛嘲笑阿諾的不切實際。然而事實是這三個願望真的都實現了。

從 1982 年的成名作《王者之劍》（Conan the Barbarian），以及 1984 年續集《毀天滅地》（Conan the Destroyer），直至 1984 年的《魔鬼

終結者》（The Terminator），從此奠定了阿諾在好
萊塢一線演員的地位。

但是各位可曾知道，阿諾的第一部電影其實是
1970 年的《鋼鐵力士在紐約》（Hercules in New
York），但因為他的奧地利口音實在太怪異了，片方
只得幫他配音。三年後他再次飾演一位肌肉發達的聾
啞人，這下子連配音都省了，只需賣弄肌肉就好，畢
竟他可是擁有四次宇宙先生和七次奧林匹亞先生光環
的健美界傳奇人物。

我個人覺得阿諾的演技很普通，加上口音怪異、體格
魁武、名字既長又繞口，理應與一線演員無緣才對。
然而阿諾在王者之劍所飾演的野蠻人，其健碩的體
格、面癱的表情，怪異的口音，這些組合竟然意外
地恰到好處，從此成為阿諾的特色。而《魔鬼終結
者》（The Terminator，1984 年）這個人狠話不多
的機械人，更是把阿諾所有被嫌棄的缺點，全數轉化
為特色，不得不佩服導演詹姆士‧喀麥隆（James
Francis Cameron）的獨具慧眼，將「適才適所」
的論點發揮到極致。

也就是說，在別人眼裡認為是缺點或弱勢的問題，換
個思路或是換個位置，說不定這些問題反而都會變成
優勢了也說不定。

在日本壽險業界，有位號稱「銷售之神」的人物，名
叫原一平。在近百萬的從業人員裡，他有本事蟬聯
十五年的全日本冠軍，足見其銷售實力有多麼地強

悍。但這裡要講的並不是他的奮鬥史，大家可以在《壽險高手：推銷之神原一平祕技》，或是《鼓舞：推銷之神原一平奮鬥史》這些著作裡更加了解他。這裡要特別強調的，是他如何把自己的特色，徹底發揮的過程。

原一平身高只有 145 公分，肯定是個很自卑的人。但他的上級高木金次曾經告訴過他這番話：「體格魁武之人，看起來相貌堂堂，容易獲得他人好感；而我們這種身體矮小之人，肯定更吃虧。所以我們必須以表情來取勝。」

既然身材受遺傳影響已無力改變時，不如坦然選擇接受，並設法**將現有的缺點，全數轉換為特色**，於是他開始鑽研各種微笑。經過他的研究，他將微笑區分出三十九種，然後每天對著鏡子練習。曾經為了應付某位異常頑固的客人時，使出了三十種微笑方式而獲得訂單，從此他的微笑被譽為「價值百萬美金的笑」。即使每次見到客戶，對方常常嘲笑他的短小身高時，他總能以「矮個子沒壞人啊」、「辣椒可是愈小愈辣喲！」、「俗話說人愈矮，俏姑娘愈愛，不是嗎？」…這類的話語來輕鬆化解尷尬，使得對方很快地便卸下心防。從此各種幽默表情與各式幽默語言，成為原一平的利器。

台灣歌手伍佰（吳俊霖），絕算不上美聲，長相也非偶像等級。但他的歌聲相當有特色，辨識度極高，一流的創作能力、率真的個性、加上開掛般的控場能

力，使得他在搖滾歌壇屹立數十載。曾有人質疑過伍佰唱歌時咬字不清、土味太重，然而伍佰卻只是輕描淡寫地回應道：「人太完美了，反而讓人記不住。」果然一個人的魅力，正是來自於他對缺陷的解讀。

其實原一平及伍佰的這種態度與做法，也適用於每個人。

職場工作者大多在意自己的形象，期望能因此受到他人歡迎，所以我們注重打扮與穿著，這無可厚非。但過度的修飾，卻從不以真實的面貌示人，如：社群媒體上所發的動態，都是經過修過的圖、展示的內容也非真實生活裡的動態，這就絕對不是健康的心態了，因為不敢面對真實的自己，那問題就永遠無解。

曾有一段時間我努力地學習面相學，希望能在面試員工時，幫助我快速地篩選應聘者。但後來我才發現，無論你穿再好的衣裝、化多棒的妝、說多漂亮的話、乃至於整出多麼傲人的容顏與身材，這些都遠遠比不上自信所展現出來的從容不迫，這絕非源於外貌因素，而是你有多少勇氣去直面自己，去欣賞自己的優點，並客觀地針對自身的缺點進行分析。倘若個性上存在有足以危害自己與他人的問題（如脾氣火爆、情緒不穩、反覆無常、目中無人…），那就非改不可；至於那些無傷大雅的缺點（如長相、身材、身高、體重、膚色、年齡…，或是個性上的大事不忘、小事糊塗…等），我們何不把它們都視為自己的特色呢？

倘若你連自己都不能肯定自己，你又如何指望別人來肯定你？與其改變我們的外在條件，不如改變我們的內在心境。

所以前面提及的「別人能，你也能」這句話，其實是存在著嚴重謬誤的。我個人認為應該改成：「**別人能的，你不一定能；但你能的，別人也不一定能**」。

如果你發現自己真的沒有天賦，而你也沒有立志想成為該行業的大師，那麼你可以選擇當個職業，好歹有個工作本領可以養活自己。不然就儘快放棄，省得現實與理想的差距太大而抱憾終身。

如果你有興趣卻沒有天賦，依然可以努力學習、當一份工作或消遣，但別指望有朝一日能成為大師。

但在放棄之前，我得提醒各位一個很重要的思考邏輯：

如果你當下沒有工作就無法養活自己、或是沒有工作就會給家裡增添負擔的話，那麼請你「先求有、再求好」吧！先顧及現實再來談理想，這才是合理的選擇，況且「藝多不壓身」，趁著年輕時多學點，説不定還會有意外收穫呢！

櫻木花道一開始加入籃球隊的目的，並不是因為喜歡籃球，而是想藉此接近晴子。剛開始時還很熱衷，但看著流川楓在場上大殺四方、自己只能在角落練基本運球時，赤木還不允許他灌籃時，於是他放棄了。但當櫻木回想起赤木罵他「沒有毅力」這幾個字時，確

實刺中了他的軟肋，因為櫻木的確從未為了一件事情
而堅持過，於是他就死皮賴臉地回頭求赤木讓他重返
籃球隊，我們這才能看到櫻木在四個月裡的成長有多
麼地迅速，如何透過反覆苦練而愛上籃球的劇情。

勉勵各位千萬不要未經努力就輕易放棄，前面有關我
的放棄，至少都是經過數年的努力後，才知道自己真
的沒有天分而轉戰其他領域的；我也透過職業適性測
驗，了解到自己的強項與弱勢何在，並虛心接受指
導，從一開始我並不喜歡自己當下的工作，逐漸發掘
到其樂趣與成就感何在之後，最終找到合適自己的主
戰場。

5. 工作輪調（Job Rotation）

假如你已經在某個領域有多年經驗、想要跨領域去做
從未有過經驗的職務時，請問有幾間公司願意應聘這
樣的人？我不能說完全沒有，但數量應該是極為稀少
的吧！

讓我換個角度來問：如果是在企業內部有個職務出
缺，而你雖然沒經驗，但你願意輪調過去、甚至是同
時兼任，你認為這樣的機會是否大多了？

我可以很負責任地說：工作輪調，是提升視野最有效
的方法。因為我個人就是現身說法的受益人。

在某公司，一開始我是以董事長特別助理的職稱入職
的；為了回報董事長，我兼任了銷售部，但這原本就

是我熟悉的領域。後來行銷部（Marketing）經理出缺，短時間也沒能尋覓到合適的繼任者，我雖然沒有行銷經驗，但我很想多學點技能，於是我主動向董事長請纓，想要兼任市場部一職。

董事長當時問我：「你會做行銷嗎？」

我回答：「不算有經驗，但我可以邊做邊學。」

董事長當時皺著眉頭、低頭沉思，我大概看出了他的顧慮，於是我說道：「**我的兼任並不會耽誤特別助理以及銷售部的工作，而且我不也會要求額外的薪資。**」於是董事長便欣然答應了。

幾個月的工作下來，我也算是懂得一點行銷了，還制定了一套新的行銷手法，如：與各個知名五星級飯店合作，免費提供我們的雜誌放置於商務中心，讓國外商務客可以閱讀，也可免費索取；彙整台北市知名飯店資訊，放置於本公司一年一刷的「買家手冊」（Buyer Guide）內，讓日後這些國外買家能在來台參觀展覽時，得以事前預訂飯店，畢竟台北國際電腦展（Computex）也是世界三大電腦展之一，能夠事前預訂飯店，對於買家來說也是利多的服務。

除了上述的三份工作資歷外，我還兼任過網路部、總務部、資訊管理部、生產部、採購部…等工作，這些經歷讓我在從事講師與顧問工作時，得以了解多種部門的特性，特別是部門與部門之間的矛盾與衝突點何

在，如：生產單位與銷售部門的產銷不合一、研發部門與行銷部門對產品特性的理解上有落差…等。

回想起當時在同學會，大家都會相互比較公司、收入待遇與工作內容時，我往往都是被嘲笑最多的那一個，因為我的工作量很大（畢竟同時兼任了好幾份職務），但收入始終維持第一份正職的薪資水平而沒有提升。我能明白他們嘲笑我很傻的理由，但我把這些看似損失的薪資收入，視為投資自己的成本支出，因為這種轉職到沒經驗的部門機會，並不是每間公司都願意給予新手的。正因為投資了自己，使得我現在的工作得以更加全面，也更能展現真正的同理心。如同《總裁獅子心》（平安文化）的作者嚴長壽，正因為他的主動學習，即使只有高中學歷，二十三歲從美國運通的傳達小弟開始做起，二十八歲便能成為該公司的總經理，三十二歲躍升為亞都飯店的總裁。所以勉勵各位職場工作者，特別是職場新鮮人，不要對工作量斤斤計較、也不要糾結於薪資的高低，就把這一切當成是學費、是企業願意讓我們免費學習的機會就好，反正學到的都是屬於自己的，誰也偷不走。

這裡穿插一則小故事：正因為我拜讀過嚴長壽的著作，所以我第一間尋求合作的飯店，就是亞都麗緻。雖然我未能見到嚴長壽本尊，但我確實能感受到該飯店的服務品質，以及每位同仁被充分授權的自主性。我只是去索取亞都飯店的簡介，以便把亞都飯店的資

訊放在買家手冊裡。結果行銷部副理艾莉爾（Ariel）不僅給了我文字電子檔，還給了我兩張幻燈母片，銷售部副理還拿來了一紙合約給我，只要我們的讀者是根據買家手冊來訂閱飯店的話，便可享有 35% 的折扣優惠，這些都是我先前沒有要求、而是對方主動給予的；當我要離開時，艾莉爾希望能表達謝意，順便讓我感受亞都的服務魅力，所以她請我務必要去一樓餐廳用個午餐再走，雖然我當時有點不好意思，但我還是接受了（其實心中早已樂開了花）。

在走到飯店不到一分鐘的時間內，迎賓見到我便叫出了我的姓氏；當我被引導到一樓餐廳時，寫有我名字的牌子早已放在餐桌上了；吃到一半時，艾莉爾走過來問我今天的餐點如何，這整個過程我都能感受到每個人的熱忱與用心，這比看《總裁獅子心》更令我感到震撼與驚艷。也正是有了這次的成功經驗，給予了我極大的信心，使我在之後的合作案都能順利完成。也正是有了這次感受到亞都服務魅力的體驗，使得我下定決心要徹底改變銷售部門的文化。

很多員工在進入公司後，然後隨著歷練增長，工作逐漸熟練、專業也愈發深入，但卻幾乎都是待在同一部門。這種培育方式會帶來另一種副作用：「專業視野狹隘」（我稱它為「專業的傲慢」）。正因為員工過度熟悉單一領域，使得思想開始僵化，也因此限制了員工更寬廣的職涯發展與視野，導致年資超過十年

以上的員工，幾乎都是單一領域的專才，但不具備跨領域的通才能力，這已是職場上的通病。也正因為如此，使得許多創業者慣用自身的專業去思考問題，而忽視其他部門專業的重要性，導致缺乏通盤考量的全面性。在決策時該狀況尤為明顯，正是「見樹不見林、片面不全面」的寫照。

例如銷售出身的創業者，其眼界很容易只看到與銷售相關的事物，而偏廢其他如人力資源管理、研發、行銷…等功能的重要性，似乎其他部門的存在，只是為了服務銷售部門而已；而研發出身的管理者，其眼界只關心產品本身，卻忽略了行銷、銷售與成本控制。這便是我積極鼓吹企業必須進行輪調的理由。

大多數的企業把培育的重心，集中在強化員工的專業領域，也就是所謂「垂直式人才發展」，但對於跨領域的「水平式人才發展」（簡言之，就是斜槓能力）則極為罕見，甚至根本沒有。

許多主管習慣性地把愛將、或績效表現好的員工，盡可能地留在身邊，而從不考慮將他們輪調至其他單位。他們會找各式各樣的理由（如研發部主管可能會以若某位員工輪調，新產品會無法順利上市）來拒絕讓自己的優秀人才被調走，即使工作輪調早已是企業內部的制度，這種行為我們稱之為「私藏人才」（Talent Hoarding）。這種看似留才、愛才、惜才的行為，實則卻是破壞人才發展與公司績效的元兇，

所以管理者要懂得割捨，讓心愛的部屬輪調至其他單位，使員工豐富自身的技能，這不僅可提升整體組織的競爭力，還對部屬的職涯發展有著關鍵性的影響。多能工（Multi-Skill）無論是對員工還是對公司，肯定是利多的政策，如同近年流行的「斜槓青年」，以及很久以前倡導的「π型人才」（意指除了對自身專業技能有著高熟練度外，還能擁有第二、甚至是第三專長技能、具備跨領域的工作歷練與專業技能）肯定是未來的人才方向。

唯有多方歷練，才能造就具寬廣的視野，與真正的同理心。

當工作者心存「舒適區」的安逸心態後，往往就是公司績效滑落的開始。畢竟身為部門資深者，都是他人向你請教問題，久而久之便很容易造成自我感覺良好而不可一世、導致我們更不願意脫離舒適圈。這對公司的發展、還是個人的成長，絕對是弊大於利的陋習。

所以無論各位是想要主動輪調、還是被動接受輪調，我都希望大家能克服輪調時的不適應與不安感，畢竟從零開始，任誰都會感到擔心害怕，我自己也曾有過不少這樣的經歷。但只要公司願意給我們機會，就該大膽地去嘗試學習！即使沒能學成，至少我們也知道了自己的天賦、能力與興趣在何處了。之所以我從沒有歷練過與財務相關的部門，就是因為我

對數字實在是極不擅長，給我算十次帳，我能給你十個不同的結果，所以我從不在數字類的技能上，與他人一較長短。既然不懂，我就大方地承認，轉而在自己的專長領域裡發展即可。

而管理者（特別是企業主）則應該鼓勵人才在公司內部輪調，才能達成跨職能協同作戰、提升個人技能多樣化、增加創新動機、強化組織凝聚力與分工合作的終極目標。

🎤 意猶未盡嗎？相關主題推薦聆聽這段專訪

CEO 研究生相談室│相談室話題

EP36 看影片學管理

賽道狂人
Ford v. Ferrari ▶

https://www.youtube.com/
watch?v=TYTE6cf7ydQ&t=14s

第二單元　進階為管理職的思維變革

一 » 無論大小，管理者手中必然握有某些「權力」

管理者在組織的編制上，是底下有帶領部屬的情況。所以管理者是沒有資格棄權的，除非你是專業職，只需專注於技術工作。

權力不分大小，重點是如何運用。

在職場待過一段時間的工作者，我相信應該曾聽過下面的這些說詞：

「我只能建議，至於你能否升遷，還得看上級主管的最終拍板。」

「我只是個專案領導，無法保證能為你們爭取到什麼資源或福利。」

「我只是個小小課長，這事不要找我，去問我的上司。」

如果你是該管理者的屬下，聽到上述的這些內容，你的心中做何感想？與其說他們沒有權力，更確切的說法應該是他們選擇了「棄權」、或是被更上級的管理者給「削權」了。

管理者賦有招聘、任用、升遷、加薪、給予獎勵…等權力，這些都是屬於管理者的職權範圍。只要企業制定有內部管理制

度，管理者在招聘員工時，只要沒有僭越該職務的薪資範圍、也沒有亂給職稱的話，那麼這樣的權力就應該回歸給權責單位的管理者手上，這也是為了分擔更上層管理者的工作量。但如果制度早有規範，但自己卻仍無權可用的話，那麼這些管理者就該重新審視，到底是上級不相信你的能力或人品？還是上級因為迷戀權力、甚至是害怕失去權力，所以他們不願意授權？

爭取權力回到責任歸屬的管理者身上，本身就是管理者的職責，沒有任何推諉的理由或模糊空間。

當然，現實裡確實有某些工作範疇，管理者並沒有那麼大的權力、或是管理者尚未成熟到能足以獨立處理，那麼此刻至少我們還有另一種選項：「與部屬共同面對」。

傑森（Jason）是工程部門的資深專員，技術嫻熟。公司委派傑森承擔公司某項專案的負責人，帶領市場部門、工程部門與銷售部門合計三個單位，聯合為客戶的新研發項目進行開發。

傑森並沒有領導經驗，加上市場部門的窗口賴瑞（Larry）因為學歷高，總會有意無意地透露出瞧不起傑森的樣貌，有一搭沒一搭的拖延，這使得傑森在面對賴瑞時多少會有點自卑；銷售部門的伊娃（Eva）則是公司裡最頂尖的銷售，總愛以很忙為藉口，臨時告知不克出席已排定的會議早已發生不只一次了，傑森只得被迫更改會議時間，搞得傑森與賴瑞兩個人都很不舒服，還打亂了既定的工作節奏。

在傑森走投無路之際，只能跟自己的上級管理者反映此事時，此刻的管理者絕對沒有資格讓傑森獨自面對此事。的確，從傑森的角度來看，專案領導人雖是臨時編組的管理者，但實則應該是要被賦予某些權力的，否則任務將無法順利推展。然而這間公司可能沒有明文賦予、或是過往的陋習所致、抑或是賴瑞與伊娃這兩個人並沒有意識到「專案」的核心精神是什麼，搞不清楚「專案領導人」的權限到底有多大，所以他們仍是以自身的擅長領域與部門立場為出發，殊不知這些行為已阻撓了專案的推展。所以此刻傑森的上級管理者必須主動站出來，去召集賴瑞與伊娃這兩位負責人，說清楚講明白專案的特性、責任與其重要性，為傑森創造良好的條件、掃除任務上的障礙；倘若傑森的上級仍無法說動賴瑞與伊娃這兩人，那麼就只能把層級升高至這兩位的上級管理者，甚至必要時升高至最高領導者來定奪也是必要的，這才是管理者應該做的事。假如傑森的上級此時卻要求傑森單獨去處理此事的話，那就是管理者的失職，這將導致部屬會失去對上級的信任。

二》 合理地分配工作，尊重部屬的時間

管理者不能、也不該把自己不喜歡或不擅長的工作甩給部屬做，而獨留給自己喜歡的、或擅長的。

組織裡的每位成員，都有他們的專屬責任區域，管理者不能有任何藉口將專屬自身的工作，丟給部屬去做而不聞不問。如果是為了培育部屬，就得按部就班地給予培訓。跳過培訓步驟、直接丟給部屬的行為，是管理者最不該做的事情。

丹尼斯（Dannis）是某軟體公司的人力資源部最高主管，姑且不論他是否夠專業，但他的確很喜歡把自己份內的工作，如會議簡報、新人教育資料…等行政工作，直接交辦給下屬寶麗（Polly）去完成，美其名是為了培育她，其實就是一種甩鍋行為；每當寶麗遇到不明白之處，想要向丹尼斯請教時，即使是最簡單的「為何」（Why）以及「如何做」（How），丹尼斯始終都給不了任何實質的幫助，但打嘴砲與打太極的功力倒是一點都不含糊。

隨著時間的推移，寶麗逐漸發現丹尼斯只是把工作重心放在如何迎合總經理的喜好，即使總經理憑直覺做出多麼不靠譜的決策，丹尼斯肯定是第一個站出來給予熱烈回應的人。面對這種沒有真本事的主管，寶麗只能選擇自立自強。接下來的幾個月裡，寶麗陸續通過了人力資源管理師認證、拿到資訊安全專業人員證照、成立了職工福利委員會，各方面的技術實力早已全面輾壓丹尼斯。但丹尼斯在績效考核時，還是刻意壓低了寶麗的綜合得分，這使得寶麗的內心極度受傷，最終寶麗因為自我否定而選擇離職了。

管理者常犯的另一個錯誤，就是打擾部屬的時間。心血來潮時，就立刻把他們叫到跟前；或是在部屬下班後、休假時，傳訊息給他們發佈新的任務，還要求必須儘快完成，不僅不尊重部屬此刻手頭上是否已有工作正在進行，還是部屬是否需要休息或陪伴家人，卻在績效考核時檢討部屬為何未能完成規定的目標，殊不知打擾部屬時間的最大元兇，就是管理者自己。

這裡並沒有批判管理者不能交辦部屬新任務的意思，而是管理者必須要懂得尊重部屬的自主性，與部屬共同商量完成時限，儘量不打擾部屬的時間，這才是管理者的本職。

三 》 創造良好的工作環境，凝聚團隊向心

熱血高校籃球漫畫裡並沒有交代這麼一段情節，但我個人認為很值得深入探討：

宮城良田與三井壽這兩個人之間是存在宿怨的，兩人打架打到住院、被罰停賽，這些都是漫畫裡提及的劇情。但為何這兩個人仍可以在同一個球隊裡合作打球呢？我認為安西教練肯定有對此做出某種努力，足以讓這兩人放下仇恨，把目標聚焦在「稱霸全國」。

「團隊共識」這個議題在教育訓練市場裡從未停止過，但即便再怎麼努力，團隊共識的最終結果，就是依然沒有共識，其實這涉及了一個核心問題必須優先解決：「**信賴關係**」。個人認為這與下列管理者常犯的三項錯誤有百分之百的關聯性：

1. 不容許部屬提出相反的意見。
2. 隨意批判部屬的看法。
3. 不允許部屬有說「不」的權力。

秋山（Akiyama）是某日商在深圳分公司的總經理。他要求手底下的員工必須絕對地服從，舉凡與他的想法不一致的任何

意見，都會遭到無情的否決，即使對方的工作能力很強，但在秋山眼中，只要不服從他的指示，一律只會被歸類為績效表現差的員工，逼迫員工若不想離職，就只能選擇屈服，是絕對威權強勢型領導者的代表性人物。

先前秋山在華北地區擔任總經理期間，績效表現也的確出色，所以三年後被輪調到華南。然而當秋山離開華北的當下，該地區的員工人數，從原本的一百人規模，暴跌至僅剩五十人。而這五十個人裡，至少存在著七個大大小小的八卦團體，這使得新到任的總經理與副總經理即使經歷了二年努力，也依然無力改善工作氛圍低落的問題，甚至還被員工們聯手消極抵抗。當秋山於五年任滿、離開華南回到日本總部後，華南也逐漸步入華北的後塵。

在我多方的查證下，華南與華北離職的員工，大多是工作能力不俗、但很有想法的員工，然而只要員工的想法與秋山不同的話，就只能被他視之為異端份子。在這種持續不被信任的工作環境下，這些人終究只能選擇離開；而留下來的員工也並非是對公司效忠之人，但他們心裡都明白一個道理：只要服從上級指令，就可繼續存活。我待在這兩個地方的辦公室裡不消一天的時間，我整個人的狀態就不好了，現場的氣氛實在是太壓抑了，公司裡的員工眼神空洞，有如行屍走肉般的那樣毫無生機可言，而這樣的工作環境，就是秋山一手創造出來的，其慘狀有如超級颱風過境後的斷壁殘垣。但因為秋山的績效表現讓總

部很滿意，所以依然能獲得高升的機會。這種因價值觀不同所造成的結果，就留給各位讀者們自行去思考與判斷吧！

強勢型的領導者，確實有其存在的必要，但這得看工作環境、工作性質與工作任務、部屬的能力與意願，以及部屬的個性與特質來決定。

如果這個組織是軍隊，那麼強勢的領導與絕對的服從，我深表認同。

如果這間企業再不破釜沉舟做出改變的話，就有瀕臨倒閉的危機，此刻選擇強勢型領導方式，我表示認同。

如果某位部屬的工作能力尚且不足，但仍想要有所表現，那麼對該部屬採用一個口令、一個動作的強勢領導手段，我表示認同。

但如果部屬是有能力之人，其觀點也有其獨到之處，那麼此時是絕對不宜採用強勢領導的方式，否則只會打壓部屬的工作意願，其結果不是迫使對方離職，就是降低對方的工作意願，甚至是逼迫部屬減少自身的工作能力，以滿足強勢管理者的內心需求。

如果部屬的個性也強勢，那麼在官大一級嚇死人的權力壓制下，肯定會發生衝突，其結果大多也是離職收場、或是降低工作意願來結束雙邊對峙。

溝通方式單一、領導方式缺乏彈性、做不到因人而異、因地制宜的強勢型領導模式，只會把部屬培養成不敢說、不思考、不進取的奴才，這對於領導者來說，的確是便於管理；但從長遠來看，肯定是弊大於利。

「團隊共識」不應統一在某個人的意志之下，而是以一個共同的願景、或理念、或價值觀、或目標，由管理者帶領大家朝這個方向共同努力的領頭羊，但自己並非是其中心。

想要創造良好的工作環境，我極力推薦大家務必要閱讀《克服團隊領導的五大障礙》（天下雜誌文化，派屈克·蘭奇歐尼 Patrick Lencioni）這本書。本書透過一個企業重整的故事，逐步闡述領導的五大障礙。理論看似簡單卻實則精闢，這也是企業內部欲進行改革時，必須時刻緊盯的五大障礙：

1. 第一道核心障礙：當團隊彼此之間**失去信任**。
2. 當彼此沒有信賴關係時，肯定衍生出第二障礙：**害怕衝突**。
3. 當組織不敢有建設性的衝突時，必然出現第三障礙：**缺乏承諾**。

4. 當缺乏承諾與共識的團隊，必然導致第四障礙：**規避責任**。

5. 當成員無法彼此要求時，勢必創造第五障礙的環境：**忽視成果**。

本書的論點絕對精彩，只要落實執行，保證成果斐然。（此處絕對沒有業配，是我個人的良心推薦）

在我擔任某公司董事長特別助理一職時，董事長希望我能協助銷售部的副總經理，去改善他手底下的八名資深銷售人員。但我認為此舉只會出現雙頭馬車的情況，同時也會對現任副總經理的領導威信造成傷害，所以我果斷拒絕。但在董事長的軟磨硬泡之下，我只得答應協助，但並非去改善既有的銷售部門，而是成立另一個新的銷售部門，由我帶領全新的銷售人員，重新樹立新的部門文化（因為原先的銷售文化，實在一言難盡，但我不能砍掉副總經理的部門，所以我打算創建一個新部門自己帶），前提是董事長必須答應我兩件事：

1. 基本薪資與獎金都必須按時給付，不得找任何藉口打折扣。

2. 不可干涉我對新手銷售人員為期六周的培訓過程。簡單說，就是不能在銷售人員還未通過完整的培訓，就讓他們出去面對客戶，這就好比不給軍人武器及訓練，就迫使他們上戰場一樣，最終只有淪為炮灰的份。

但同時我也給了董事長一個指標：半年內，新的銷售部門裡，至少要有兩位銷售人員的成績，能超越資深銷售的個人最高銷售額。

這並非是我第一次帶領團隊，但卻是我首次嘗試建立一個新的組織文化，所以整個過程，我採取了以下幾項措施：

1. 由我親自甄選六位新人，其中只有一位曾有過銷售經驗，其餘五人都是新手小白。我在招聘文稿裡特別強調「歡迎心態良好、無銷售經驗者從事銷售工作，公司將提供完整培訓，保證基本底薪，幫你創造收入。」因為我自己也是在沒有相關工作經驗的情況下被招募、且被培育成今日的模樣。

2. 培訓區分三個階段：前兩周每天在會議室裡，傳授銷售的基本知識、技能、公司產品、服務與特色、銷售部門理念、銷售個人應具備的價值觀、人際溝通風格、客戶關係管理…等；然後第二個兩周時間，每天進行角色扮演：如何撥打開發電話、如何介紹商品、如何談判與商議、如何應對不同需求、如何處理異議與抱怨…，讓他們逐漸累積實務經驗；最後的兩周，我讓他們重新拾起資深銷售人員放棄的客戶名單進行再開發，然後把預約好的時間與地點，公布在白板上，讓其他銷售人員看到後，設法在同一地點的附近，預約不同時段的客戶。然後當天由我開車，載著這些約好客戶的銷售人員一同前往，由約訪銷售人員負責主談，其他銷售人員則從旁幫

腔或協助，同時也觀察整個過程。我要求銷售人員絕不能透露我的真實身份，只說是公司指派協助銷售人員的司機即可，所以我是站在旁邊聽他們說話的人。

若現場所有的銷售人員都無法處理客戶問題的時候，我才會主動開口協助。當客戶好奇為何我會這麼熟稔銷售內容時，我則回答是因為我在旁邊聽過太多次了，所以多少懂一點。

3. 公司規定的上班時間是早上九點開始，但我們銷售部門必須在八點三十分前，在會議室集合完畢，分享前日銷售過程中每個人的心得，其他人和我則會給予不同的觀點補充與回饋；如果有某位銷售人員對於某家客戶始終無法拿下時，其他銷售人員則會有人主動給予協助，必要時可以替換其他人接手負責。我鼓勵這種彼此相互扶持的行為，且用自己的薪資，購買了一些小禮品，隨時作為獎勵用。

4. 任何一位銷售人員只要與客戶簽下合約，無論案件大小，所有同仁一律都會給予真誠的祝福及鼓勵。

5. 銷售人員並不一定非得要每天都出門拜訪客戶。但若要外出，必須事先安排合理的動線並控制拜訪時間，目標是每天至少能拜訪六家以上的客戶，且事先必須設定主要目標與次要目標。

6. 如果有銷售人員需要我陪同一起去拜訪客戶的話，可以提前預約並寫在白板上，以免其他同仁重複預約。當天活動結束後，會由我請客與該銷售人員一同用餐，然後針對今日的拜訪活動，給予即時的檢討回饋。

7. 每個月月底業績結算的當天晚上，我會作東請所有銷售人員到公司樓下的餐廳，一起吃頓晚飯做為獎勵。

8. 每天都必須完成拜訪後的工作日誌，透過電子郵件寄到我的信箱；次日我必定完成審閱，並給予回饋。

9. 無論是針對我這位主管，或是對其他人有任何疑問或意見時，團隊中的每個人，都能在公開場合開誠布公地提出、或是私下找對方一對一的談，被找的一方必須積極傾聽、不可辯解或翻臉。如果建議可行，我們就立即就做；如果建議不可行，也必須向對方說明不可行的理由。只要沒有謾罵或造謠，說真話是絕對不會有任何不良後果、也不會影響績效成績的。簡單說，我創造了一個可以說真心話的環境，即使這僅僅只是一個七人的小單位。

我記得被他們提出的第一個問題是我們銷售部在聚餐時，由克里斯（Chris）率先提出的：「特助，為什麼公司明明規定是早上九點上班，而你卻要我們八點半就到？」

我回答道：「不知道你們是否注意到，所謂的九點上班，其實只是九點完成打卡，然後開始吃早餐、找同事打屁聊天，做一些與工作毫無相關的事，真正的上班尚未開始。我想幫助大家擺脫多數人對銷售人員辦事不牢靠的刻板印象，讓他們知道銷售人員不單只靠一張嘴吃飯而已，我們也是一群有紀律、有執行力的團隊。我們雖然提早了半個小時上班，但我們利用了這段時間，完成了每天的工作計畫、前一日的工作檢討、分享

彼此的心得與經驗這些事。我希望大家能明白,之所以要求各位提早到公司,就是要大家養成自律的好習慣。」

自此,我與銷售部門的六個人,職位不分大小,大家都能暢所欲言,彼此也能相互照應,沒有任何勾心鬥角或扯後腿的事情發生過。正因為我們部門的氛圍很棒,位於我們銷售部隔壁的行銷部主管潔西卡(Jessica)向我表示,他們部門的三個人也很想來共同參與我們的銷售早會,畢竟行銷與銷售一家親,能夠相互學習的話,肯定有助於協同作業。

接著其他部門也陸陸續續地被影響,紛紛仿效我們銷售部門的做法,唯獨副總經理的銷售部門那八位銷售老鳥們依然故我,副總經理對此事也表示無可奈何。

四個月後,我們部門的凱西(Cathy)率先拔得頭籌,銷售成績超越了年資八年的老鳥銷售員,我當下允諾提供她一個公司地下室的專有停車位做為獎勵(我甚至已經做好了可能得自掏腰包的心理準備);次月,克里斯(Chris)也超越了另一位年資三年的老鳥銷售員。這時銷售部副總經理帶領他們的八位銷售人員,開始來見習我們是如何召開銷售會議、以及是怎樣溝通的,因為他們也意識到與其消極抵抗、不如提早變陣,否則面子與裡子遲早要掛不住。

因當時我的父親受到葡萄球菌感染、導致病情急轉直下,思慮再三,我決定辭職來照顧父親。幸好我的團隊們早已熟悉我教

導的所有手法，團隊也共推由凱西接替我的位置，我則希望克
里斯能成為凱西的副手，由他們繼續帶領這個團隊前進。這個
部門的文化與環境氛圍，早已形成牢不可破的信賴關係，所以
即使沒有我，這個部門也能自主的運作下去，且影響力將擴張
至全公司。

我很慶幸當下辭職的決定，因為父親在我辭職的兩周後便離
世了。在生命的最後階段，我陪伴在父親身邊，這讓我了無
遺憾。

當我讀完《克服團隊領導的五大障礙》這本書時，距離我帶領
這幫團隊已是二十年後的事了，可見全世界的管理手法，是不
分文化、語言、種族…而有所差異，因為管理的核心，就是在
處理「人性」的議題，而全世界的「人性」都是一樣的。管理
者只要能夠創造良好的工作環境，員工們就會自動被這個環境
所影響，這正是「近朱者赤，近墨者黑」的詮釋。

也許會有人提出反駁，認為自己一個人根本無力去改變整個組
織的文化或氛圍。的確，一開始便信誓旦旦地表示要改變整個
組織的文化，除非你是組織裡的最高領導者，否則肯定是癡人
說夢、難以實現的。但如果你是部門裡的最高管理者呢？那我
們就可以用「次文化」的概念來進行。就像是財務部、工程部、
人力資源部…等，因為工作與任務性質的不同，溝通方式與部
門個性當然也會不盡相同，整體工作氛圍自然也是可以被重新
塑造的。

如同我前面帶領過的銷售部門，那是屬於我的權責範圍，所以我可以透過自己的努力，改變這個部門的樣貌；接著就是與整體組織文化進行較量，看看是誰先被影響。文化的改變，本來就是一個循序漸進的過程，否則行銷部門怎麼可能被我們銷售部門給影響了？幾個月前，他們三個人還只是在一旁觀望的一群人呢！這就是一場比耐心、比毅力的拔河，看誰能撐到最後，誰就是贏家，不是嗎？

四》勇敢面對問題，並竭力所能解決（即使是自身的問題）

企業內部是不可能沒有任何問題的。但面對問題的態度，則成為決定該企業能否穩定成長、永續經營的關鍵了。

管理者也是人，而人都是會犯錯的。只要不敢直視自己的問題，那麼我們就會成為問題的根源。那些以各式各樣的藉口來掩飾自卑、解決那些提出問題的人的管理者，是絕對不適格的；而最高領導人若無法處理這些問題人員，選擇放縱這些管理者在企業內部為所欲為的話，終究會釀成大禍、甚至是危及組織生存。

在我擔任某外商的外聘管理評鑑者、針對該企業內部的管理能力進行盤點時，我確實發現了好多位有上述狀況的高階管理者們。理性告訴我，事實證據就是如此，那我就實話實說即可；但感性卻提醒我，如果我把事實反映給高層，很有可能從此便斷送了這些人的仕途。正當我苦惱之際，我的助手楊芳婉（莉

莉 Lily）得知了這個狀況後，她對我說了我一段話，從此打消了我的顧慮：「老師，如果你害怕耽誤一個人的仕途而選擇輕輕放過的話，那麼這個人很有可能就會在未來耽誤一群部屬的仕途。」

此刻我才明白我的工作，其核心價值就是反映事實、依據實證說話、並對此提出解決方案，至於該公司後續打算如何處理，那是他們的價值判斷與選擇。感謝莉莉的一番真心話，頓時讓我茅塞頓開，這也證明了莉莉是位很有能力的夥伴。之後莉莉也的確走向了創業之路，而且經營得有聲有色。

只要問題沒有獲得根絕，那麼重複發生就會形成常態。而這種重複無解的錯誤，最終會吞噬掉職場工作者的鬥志與熱情。

五 》善用部屬特質，協助部屬發掘並發揮他們的潛質

櫻木花道並不是一位籃球高手，但為何安西教練仍願意派他上場比賽？五次犯規下場、零得分的紀錄也不是只發生一次了，但為何安西教練仍不放棄他？櫻木花道因為討厭流川楓，所以從來不傳球給他，難道安西教練是眼睛瞎了沒看到嗎？讓我先說結論，然後再來為各位分析吧！

那是因為安西教練懂得運用「以事實說話」、「驢得順著毛縷」、「善用部屬強項」這三種教練手法。

櫻木花道身高 188 公分，有著絕佳的身體素質，彈跳能力超群，單手就能抓住球，同樣是高中生，恐怕沒有幾個人能擁有這般的天賦與體格，所以從資質來看，櫻木花道的確很適合打籃球，但他需要練習如何控制他的情緒、理解籃球規則以及學習基礎的籃球技法，但安西教練並不是用說教的，而是讓櫻木親眼看見自己的弱項與優勢何在。

全國大賽前的集訓，安西教練唯獨把櫻木留下來，櫻木對此深感不服，於是安西教練提議，兩人各投十球，看誰投球進得多、就聽誰的。安西教練即使大腹便便，但他可是前國手，投籃早已是刻在肌肉記憶裡的一部份，精準度仍維持一流，十投九中；而櫻木則是一球都沒能投進。正因如此，安西教練才能讓櫻木心服口服地在一周內、完成跳投兩萬顆球的 KPI（Key Performance Indicator，關鍵績效指標）。

面對山王一戰，安西教練把櫻木換下場，讓他親眼看到籃板球對雙方比分差距所造成的影響後，從此櫻木就沒在搶籃板上輸過。

櫻木喜歡自詡天才，即使他的表現實在令人啼笑皆非，但安西教練從沒有嘲笑過他。因為安西教練深知櫻木也是個要面子的人，只要能讓櫻木親眼看見事實、適時激發鬥志，讓他感受到自己也是被團隊所需要、被信賴的人，那麼眼見一個人的改變與成長，自然也是水到渠成、順利成章的事了。

「培育部屬」是管理者的核心職能。所以管理者沒資格、也沒藉口放棄這個由管理職能賦予的 KPI。管理者要懂得如何擔任「教練」、如何「知人善用」、以及如何「截長補短」。

宮城良田身高 168 公分，在籃球世界這種長人滿天飛的環境下，的確很吃虧。但宮城懂得發揮自身速度敏捷的特性，司職控球後衛，因為這個位置的主要任務並不是自己得分，而是看清時局、指揮全場、協助隊友得分。

櫻木花道的投籃技術很差，但安西教練先善用他的彈跳力去爭搶籃板球，而且冠以「籃板王」這個稱號，這大大地滿足櫻木的虛榮心，同時這也是「驢得順著毛縷」的具體做法，安西教練可是有本事把櫻木這種爆脾氣球員給治得服服貼貼的。

在職場上，沒有哪個人能對所有工作，都能做到全方面。但管理者可以善用部屬優勢，安排他們到合適的位置上，如此便能發揮協同作戰的最高效益，以團隊合作來彌補彼此的不足，這便是知人善任、截長補短的真諦。

六 》 當已手握大權時，務必要建立制衡機制

當我初次接受企業管理顧問公司成為外聘講師時，正式開啟了我的講師生涯。我也因為該顧問公司的行銷策略成功而逐漸有名起來，即使我早已看過有太多的講師因為自負而毀掉講師生涯，我自己竟然也開始膨脹起來，脾氣與耐心也陸續出現問題，自認是因為自己的功勞，才能讓顧問公司有錢賺。

結果兩年不到，我的案量開始急速下滑，到了第三年，就幾乎沒有任何案子找上我了。真是應驗了一句閩南諺語：「驕傲沒有落魄來得久」。

當時我把所有的原因怪罪於企業、銷售業務與人力資源承辦，然而即使我極力地維護面子，但沒有委託案卻是血淋淋的事實，收入也幾乎見底。

但自從與母親和解後，我才知道導致這一切後果的，就是我自己，沒有推諉責任的資格，更沒有任何藉口。

感讚主，我有了第二次機會。

企業管理顧問公司此時來了一位新的銷售主管露娜（Luna），她查閱了過往該公司成立初期的講師名單，發現我是該公司的案量排名第一，但在第二年時業績減半，第三年幾乎歸零。露娜把我約出來聊，我則誠實告知她是我自己活該，露娜笑了，然後她開始繼續幫我安排授課。對此我銘感五內，因為機會的再次降臨，於是我便成為了現在的模樣。

驍勇善戰的西楚霸王項羽，在年僅二十五歲時就能在鉅鹿之戰、僅率領五萬楚軍大破秦軍四十萬人，可謂是力拔山兮氣蓋世。然而當秦朝被推翻、在長達四年的楚漢相爭中，最終敗給了劉邦而自刎於烏江，深究其原因，就是因為項羽的自大狂妄、剛愎自用所導致的敗局。例如有號稱「無雙國士」的韓信，

在項羽手底下卻是有志難伸，只能選擇轉投靠至劉邦麾下。而劉邦對於有志之士，均能予以重用，正是因為劉邦的身邊有了蕭何、韓信與張良，方能成就漢朝。

我曾犯下的過錯，加上前人歷史的佐證，這些難道還不足以令我成長嗎？感謝我的夥伴們都能用真話來幫助我，我能有今天，都是這些夥伴們的功勞。既然我的收入都源自於夥伴們的努力，我何必在誰拿得多、誰拿得少的這種小事裡斤斤計較呢？請一頓飯、繳個停車費，這並沒有花費我多少銀兩，我又何必為了這麼一點雞毛蒜皮的事，把自己的格局給做小了呢？

至於我為何選擇不接受工作上的法律保障，是因為我想要以實力與品質來贏得客戶的青睞。我知道職場上有很多人仗著勞基法的保護，明明實力早已跟不上時代、也無法戰勝其他人，卻吃定了公司不能把他怎麼樣，寧願選擇死皮賴臉地留在組織裡，反正只要自己不尷尬，那麼尷尬的就是別人。

🎙 意猶未盡嗎？相關主題推薦聆聽這段專訪

CEO 研究生相談室｜相談室話題

EP36 看影片學管理

建立信賴關係
從對話開始 ▶

https://www.youtube.com/
watch?v=DldNPY_lkc8

第三單元 管理者必須自我警惕的事

一 》不縱容職權霸凌的行為

這是我認為企業與組織內最不該發生、也不能縱容的事情。

我們可以把職場霸凌（Workplace Bullying），以行為描述的方式，歸類出下列幾種狀況：

1. 對被霸凌者出言不遜、叫囂、咆嘯、羞辱，無論是公開還是私下。
2. 對被霸凌者的工作、身體或家人進行威脅。
3. 貶損被霸凌者的工作能力、工作績效、努力及個人尊嚴。
4. 惡意羞辱被霸凌者的年齡、性別、信仰、家世、學經歷等。
5. 對被霸凌者吹毛求疵，在雞毛蒜皮的小事上刻意刁難。
6. 曲解被霸凌者的言語與行為的本意，且不接受對方解釋。
7. 讓被霸凌者在工作場域被孤立、被冰凍、被排擠。
8. 以各種理由，拒絕被霸凌者合法的請休假。
9. 以無形的「上班打卡制，下班責任制」綁架被霸凌者，要求加班而不願意支付加班費。
10. 沒有任何正當理由，強迫被霸凌者選擇離職或退休。

讓我舉個例子：

布魯斯（Bruce），是工程部空降的管理者，算是公司裡的第三把手，他跟公司裡的第四把手銷售部門經理凡妮莎（Vanessa）只要兩人聚在一起，就很容易發生這類的事：無論新人隸屬於哪個部門，只要剛報到的當下，這兩位就很喜歡指揮新人去幫他們泡咖啡、買東西、用言語貶損或嘲笑新人；即使因為這兩人的行徑已導致許多人離開，但他們兩人都覺得那是給新人的抗壓測驗，沒能通過是新人自身的問題，與他們無關。

更麻煩的是，布魯斯或凡妮莎在工作上需要幫手時，會直接把這些新人或相對弱勢的員工叫來做事，擺明是欺侮對方不敢抗拒；除了他們兩人不敢動第二把手部門的部屬以外，只要權力沒有比這兩位大，即使當著這些人上級主管在場的情況下，照樣敢把人叫走，絲毫沒有一點尊重的意思。

請各位好好想想，布魯斯跟凡妮莎的這些行為，是否已構成了職場霸凌行為？我不是法官或陪審團，所以不敢妄下斷語。但這樣的行為，應該是在職場霸凌的定義邊緣玩擦邊球了，不是嗎？萬一有哪位員工懂得蒐證，然後一狀告上法院或維護勞工權益的相關機構，即使這家公司最終有幸從中脫身，難道此事不會帶給公司任何負面的影響嗎？一旦此事在網路上傳開了，往後還有哪位新人敢來這家公司面試？至於那些破口大罵、動不動就羞辱部屬的行為，那肯定就是霸凌行為了。

之所以這種看似無關緊要、實則近似職場霸凌的行為，很容易發生在職場新鮮人身上，是因為很多管理者誤信了「先聲奪人」的這種謬論，趁對方還沒搞清楚公司的狀況前，率先取得主導地位，日後便很容易讓對方臣服於自己的指揮之下。

我並不清楚布魯斯跟凡妮莎這兩個人到底是怎麼養成這種習慣的，但總經理對此事明明心知肚明、卻仍選擇視而不見，所以總經理絕對有其責無旁貸之處，因為在企業內部出現這種霸凌行為、卻未能有效遏止，總經理肯定是失職的。

再跟各位分享一個更嚴重的案例：

羅莎（Rosa）是一位日本籍高階主管，曾在台灣擔任分公司的總經理。羅莎的情緒極不穩定，稍有不順心或違逆她意願的情事發生時，便會破口大罵爆粗口，如「你是哪個學校畢業的？連這種事都不懂嗎？」、「這種小事你都不做好，乾脆捲舖蓋走人算了！」甚至用民族優越感來羞辱對方，如「台灣人果然就是一群沒腦袋的奴才」，台灣員工們各個敢怒不敢言，但為了保住工作，他們只能選擇隱忍。

麗莎的情緒管理之所以沒有任何改善，正是因為台灣工作者們的忍氣吞聲，讓麗莎成為了我們口中常說的「慣老闆」，但既然台灣方面沒出過任何問題，所以總部即使早已知曉此事，他們也選擇對此保持沉默。所以羅莎調回日本總部後，依然保持這種頤指氣使的個人風格。

在某位部門高階主管因長期受到麗莎的言語霸凌、導致罹患重度憂鬱症而選擇提前結束自己的生命。當該高階主管的家人們得知此事後，便將該公司及麗莎一狀告上法院。該事件導致公司的聲望與股價大跌，麗莎不僅被公司資遣，還因此被判刑。

要知道在華人世界最常見的霸凌型態，就是「言語」，而言語絕對與個人的情緒智商（EQ，Emotional Intelligence Quotient）有關，管理者對此必須謹慎面對！

至於性騷擾、微侵犯（Micro Aggressions，意指女性員工的意見被男性員工刻意忽略、對女性的專業能力惡意質疑、嘲諷有關性別的玩笑、對女性需要生孩子坐月子而無法全心工作多有微詞…等）、職場歧視…等，每樣都與「權力」息息相關，這些也都是職場上不該被縱容的行為。

「權力可以使人腐化，絕對的權力使人絕對腐化。」

此話出自英國爵士阿可頓（John Dalberg Acton），其原文 是：「Power tends to corrupt, and absolute power corrupts absolutely.」

手握權力，的確便於行事；權力愈高自然愈方便。但權力如同一把雙面刃，與「水能載舟，亦能覆舟」的道理是一樣的。權力容易讓人迷戀、使人迷失，所以管理者必須時刻警惕自己。

如果我們擔心自己無法察覺的話，那我們可以透過制衡的方法來警惕自己。這也是為何我自始至終堅信一個管理核心：「信賴關係」。

管理者與部屬之間若沒有信賴關係，那麼剩下的，就是比誰的拳頭大、誰的音量高而已。很多管理者都不喜歡聽部屬唱反調，所以他們慣用權勢來壓制反對者的聲音。

試想一部汽車，光有油門卻沒有煞車，那會是多麼危險的狀況啊？建議管理者們不妨換個思維，把組織裡的反對聲音，視他們是為了避免災禍發生的煞車系統。當專業幕僚都已給出了反對意見時，此時管理者千萬不要一意孤行、充耳不聞，要好好地傾聽部屬說明並詢問其原由，這裡面肯定有管理者未能設想周全的訊息隱藏於其中。

衷心地提醒各位管理者，必須在身邊培養出一群烏鴉，而且還得容許這群烏鴉在組織內部能無懼地生存著。倘若彼此之間失去了信賴關係，那麼殘存下來的，恐怕只會是弄臣與讒言而已，畢竟「千穿萬穿、馬屁不穿」。好聽的話並不代表是好話，但對企業有幫助的，往往都是那些殘酷的事實。

企業應追求的是「求同存異」，而不是「求同排異」。

由奧蘭多‧布魯（Orlando Bloom，魔戒三部曲裡飾演精靈弓箭手）主演的電影《王者天下》（Kingdom of Heaven，

2005 年），男主角貝里安（Balian）接受父親臨終前冊封為
騎士時，囑咐了他這麼一段誓詞：

Be without fear in the face of your enemies.

Be brave and upright that God may love thee.

Speak the truth always, even if it leads to your death.

Safeguard the helpless and do no wrong.

大意如下：

「強敵當前，無所畏懼」

「勇敢忠義，無愧上帝」

「言必耿直，寧死不詆」

「保護弱者，無違天理」

其中這段「言必耿直，寧死不詆」，就是我想要勉勵各位的話。

管理者要勇於接納直言，即便它不好聽、不中聽，你也得耐著
性子把它聽完，且不可輕意地否決或辯解；而專業者要勇於直
言，即便有可能因此丟了飯碗、不討管理者歡心。這個論點絕
非唱高調，只要我們能創造良好的「工作環境」、建立管理
者與部屬之間的「信賴關係」，那麼這一切都是有可能發生
的，這對公司、管理者與部屬，都是三贏的局面。

在我多年的企業輔導經驗裡，舉凡能做到信賴關係與建立良好
工作環境的企業，其獲利能力至少都是三倍起跳，而且這樣的

成就僅需費時兩年左右便可達成。坐而言不如起而行，心動不如行動，勇敢做出決定且付諸行動者，方能成為勝者。

我們該如何從職場霸凌中尋求自保？

1. **勇敢地表達內心感受，絕不在沉默中讓自己委屈**

   美國有超過 27% 以上的員工承認曾遭受過職場霸凌，而台灣則是超過五成以上，足見台灣這邊到底慣出了多少惡上司？

   如果你自覺得遭受了職場霸凌，記得先讓自己冷靜下來，以理性的態度去跟對方溝通，詢問對方的意圖，表明你的感受。但這個過程必須得控制自身的情緒與言詞，以免讓對方抓到把柄，導致情勢被逆轉，甚至是日後變本加厲的霸凌行為。

   隱忍，絕對是最糟糕的應對方式，此舉彷彿是默認了對方行為的合理性，不僅於事無補，甚至可能因此滋長了對方的氣焰。

2. **蒐集證據，做為日後自保的證據**

   如果霸凌的情況屬實，此時便要開始積極地針對言語、文字、文件、錄影、錄音、字條…等進行蒐證，以利將來若必須進行申訴時，可以提出足夠的物證。

3. **尋求諮商與協助**

   被霸凌者可以先向公司內部的相關單位（如人力資源部門）尋求協助。倘若公司內部仍無法有效處理的話，此

時就要對外向心理諮詢、法律諮詢、社福單位、勞工單位…等有關單位進行申訴。

切記，懂得利用法律做為最後武器，不僅可為自己及他人爭取權益，還可遏制不公不義的行為被擴大。

也許很多人會擔心舉報職場霸凌，會影響到自己的工作，所以大多數人會選擇隱忍。的確高層是手握權力、有能力挾怨報復的人，但把自己變得體制化，默認體制內的不道德、甚至是反道德行為，看似是合理化的自保行為，其實就是縱容當權者去壓迫更多的員工。英國政治家埃德蒙・伯克（Edmund Burke）曾說過這麼一段話：「**邪惡盛行的唯一條件，是善良者的袖手旁觀。**」（The only thing necessary for the triumph of evil is for good men to do nothing.），真心盼望職場都能成為良善者的聚集地，而不是修羅場。

二 》 不輕易否認部屬的想法與建議

多年前，台灣大學育成中心將兩位正在創業的年輕人介紹給我，他們是一對學生情侶（以下簡稱兩位年輕人），希望我能協助他們創業。

當時這兩位年輕人正打算創建「代購、跑腿」的公司，如協助買餐點、買飲料、送貨…等工作，當時我認為這種「宅經濟」在未來肯定是有市場的，但我預判這種事業體必須建立起一定的經濟規模後才能獲利，所以要在短時間內讓大量店家加入，

才能讓消費者樂於使用，如此才能使需求與供給進入正向循環，大業自然水到渠成。但這兩位年輕人的初始創業資金的確不多，所以我先給了他們三項建議：

1. 先鎖定一個區域，然後從這個區域開始，尋找合作店家，初期以餐點與飲料為主，數量愈多愈好，讓他們免費加入 APP，跑路費則由消費者支付，每趟固定新台幣三十元、跨區再加三十元。然後讓自己身邊的朋友群充當消費者，同時也是送貨車隊。透過消費者與合作店家的使用體驗反饋，持續修正系統並完善制度。

2. 倘若店家拒絕加入，務必要探究其真正原因，做為日後修正策略的參考。

3. 初期付款以現金為主，由送貨者先行支付給店家，然後交貨後再向消費者收取費用。若運送貨物的金額較大、送貨者無力支付時，則由公司方先行代墊，絕不拖欠賣方。待形成經濟規模後，再去洽談信用卡公司，或是其他行動支付系統，讓支付方式更多元。

為了讓這兩位年輕人先了解店家的實際想法，我介紹了一間有網路拍賣的實體模型玩具店，看看能否支持這兩位年輕人成為幫忙送貨的合作商家。

原本我自認為與該店家的交情還算可以，賣我一個面子應該不成問題。然而這只是我個人的一廂情願罷了。

店主明日香（Asuka）竟然直接把這兩位年輕人給罵走了，還斷言這個事業體是絕對不會成功的。後來我親自去找明日香了解此事，當時她還甩了一張臭臉給我看，打心底她就看不起這個事業，認為我是白忙一場，所以拒絕跟我討論。我知道明日香平時脾氣暴躁，所以我經常奉勸她千萬不要輕易地跟顧客抬槓。但既然此刻的她依然無法好好地控制自己的情緒，我也只能選擇識趣地離開，從此不再光顧。

我很佩服這兩位年輕人的想法，因為他們知道自己沒有能力養車隊，所以他們的理念是「有事我幫你，沒事你幫我」，意思是如果有需要，讓我們來幫你代買代送：但如果你想賺點外快，請務必當我們的車手。我認為這個點子非常聰明，但礙於沒有足夠的資金，實在很難在短時間內搶攻市場，所以只能退而求其次，先選擇從區域開始，規模雖小但也還算穩健。同時我也建議這兩位年輕人可以拿這個提案去找金主，可惜我自身也資金短缺，否則我會很樂意投資這兩位年輕人，並請這兩位年輕人也讓我共同參與經營。

2008 年，大陸上海成立了「餓了麼」，提供線上訂餐、線下團購以及同區域快遞服務。

2014 年，Uber Eats 餐飲外送服務成立，與各地城市當地的餐廳合作，讓使用者可以透過手機 APP 程式進行線上訂餐。現在的 Uber Eats 外送服務已跨越餐飲領域，從此這種小型物流便如雨後春筍般快速崛起。

2019 年底，Covid-19 疫情爆發、2020 年疫情加劇後，外送事業得以順勢擴張。

寫到這裡，我實在很想當面再問問明日香：現在的妳，還敢這麼篤定這個事業體不會成功嗎？

假如沒有明日香的否定，我認為這兩位年輕人極有可能會成為外送事業的扛霸子，至少在台灣，他們肯定會有一席之地。只可惜就是這麼一句隨口的否定，一個未來事業體的點子從此就被扼殺在搖籃裡。

可惜我再也沒有機會見到這兩位年輕人了。我不確定是否是因為明日香的緣故，導致這兩位年輕人受到打擊，但迄今這事仍令我無法釋懷。

企業若想要擴大規模、增加獲利，並不一定非得需要經營者的點子。鼓勵員工「內部創業」、善用他們的「提案」，絕對是一項很棒的雙贏策略，畢竟「三個臭皮匠，勝過一個諸葛亮」。

Google 為留住人才，成立了創業育成中心「Area 120」，鼓勵員工挪出 20% 的工作時間，嘗試去做對公司有幫助的事情。這才有了 Google 新聞、Gmail 以及 AdSense 的誕生。

創意無處不在。而塑造這樣的工作環境，鼓勵員工天馬行空，即使點子很可笑也無妨，這不就是管理者的責任嗎？即使案子

真的不可行，也要開誠佈公地告知提案人理由為何，同時也得努力維護部屬尊嚴，何必用一副高高在上、不可一世的態度，輕易地就否認部屬的想法呢？倘若從此扼殺了創意，導致部屬的工作意願降低，這對企業主與同仁們，肯定都是雙輸的局面。

三》 不搶占部屬的功勞

我在某公司擔任人事行政部門經理時，因為總經理包瑞斯（Boris）每個月有兩周的時間在深圳、另外兩周在台灣，所以包瑞斯希望我能好好地輔佐董事長，同時也擔任包瑞斯不在台灣期間的代理人。既然我被上司寄予了厚望，自然就得拚盡全力，方能不辱使命。

所以我努力重建組織文化、改善管理層與同仁們之間的誤解與隔閡，還抽空撰寫了兩本工作手冊：「人事作業流程」與「教育訓練執行流程」，希望能落實知識管理，以防萬一我臨時有狀況而無法上班時，公司裡的任何人只要能按照這兩本手冊操作，至少都能完成 80% 以上的例行性工作，因為組織內的工作，不能只有一個人懂，否則風險實在是太高了。

但當我發現包瑞斯竟然搶占我的工作成果時（面試時，包瑞斯會跟新人吹噓這兩本工作手冊是他編撰的），我實在很難想像包瑞斯竟然會跟部屬爭功。當董事長希望包瑞斯去深圳擔任全職總經理、而要我擔任台灣的總經理時，儘管我不只一次地跟

包瑞斯表明我並沒有擔任高位的企圖心,也明確地拒絕過董事長,但包瑞斯似乎仍很在意自己的地位有被撼動的可能;當然這也有可能是我做事太沒分寸,恐有功高震主之虞,所以我向高層再三表示,倘若我有任何僭越行為讓大家感到不舒服或不放心的話,我絕無惡意,包瑞斯與董事長當下也都表示他們並沒有放在心上,希望我繼續保持。但當董事長開始對我產生不信任、我還搞不清楚到底是發生了什麼狀況時,董事長夫人告訴我包瑞斯近日經常到董事長家裡討論我的事,董事長夫人要我好好地自我檢討,我這才明白原來這些變化是怎麼產生的。包瑞斯與我有約在先,有話請直接找對方當面講清楚,而不是在對方的背後議論。正是這些行為,使得我對包瑞斯的信任產生了動搖。

所以當董事長與董事長夫人選擇相信包瑞斯之後,我選擇直面這個問題。當辦公室只剩下我跟包瑞斯兩人時,我去找了包瑞斯當面對質兩件事:

1. 是否搶占了我的勞動成果?
2. 是否有對兩位高層耳語過我的事?

當時包瑞斯只是顧左右而言他,所以當下我直接了當地告訴包瑞斯:「先前我們彼此就已經約定過了,如果你對我個人有任何的意見或想法,可以直接找我,在我背後搞這種小動作,只會讓我對你失去信賴與尊重。」既然我已不被高層信任了,那麼死皮賴臉地待在這家公司也沒有任何意義,所以我選擇了離職。

「有功主管拿，有過部屬扛」，是破壞管理者與部屬之間信賴關係最簡單、最快速且最有效的方法。那些竊取霸占部屬功勞的管理者，真的以為做這種事能夠隻手遮天、瞞天過海嗎？

但請各位千萬不要學我這樣說離職就離職的方式，這是很愚蠢的行為。回顧往事，其實我可以有更好的方法來處理這種事的。

信任，是溝通的核心。只要彼此不存在信賴關係，那麼即便做再多的努力也是枉然；而建立信賴關係的關鍵，是管理者的胸襟。管理者搶占部屬的功勞，這不就是破壞信賴關係的行為嗎？

四 》 不因忌憚而慣著問題部屬

誰都不想當壞人，我也一樣。

但管理者在關鍵時刻，就必須勇於承擔：該扮演壞人時，絕對要板起臉孔伸張正義、糾正部屬的行為，必要時得忍痛做出「揮淚斬馬謖」的決策，否則可能被犧牲的，就是那些平時默默工作、心存良善的無辜同仁們。

讓我用兩個真實案例來說明縱容問題部屬所帶來的不良後果。

案例一：

伊蓮娜（Elena）是某家軟體公司的人力資源專員。原本自身的工作量就已經很大了，但伊蓮娜是個想要對公司有所貢獻的員工，所以對於總經理額外指派的任務，即使工作量已經不堪負荷，但她還是選擇承接下來，只希望能為公司盡一份力，協助上司分擔工作。

原本資訊安全工作是屬於銷售部門的，但因銷售部門主管聲稱他太忙了，所以這項工作便交給了伊蓮娜負責；每月盤點原本是總務部門的工作，但總務部門主管表示他沒空，所以這事也交給了伊蓮娜；原本屬於財務部門的工作，不知不覺間也變成了伊蓮娜得負責；公司成立福利委員會，也是伊蓮娜擔任主要負責人…。漸漸地，伊蓮娜成為了工作回收站，大家不想做的事，通通會變成她的工作。而壓垮駱駝的最後一根稻草，是在打績效考核分數時，還被總經理嫌棄伊蓮娜的目標未能完成而給予低分，殊不知這些額外的工作，都是總經理在會議上拍板定案的。

最終伊蓮娜因不堪負荷、導致健康亮起紅燈，只能選擇離職。最離譜的是她身上所有的工作量，得由七位員工的共同分擔下，才能完成交接。

伊蓮娜因為不懂得拒絕，承接了自身無法負擔的任務，而導致主要目標未能順利達成，最後還賠上了自己的健康，連努力的

過程都被總經理忽視。儘管她本人對此事表示委屈，但這事確實有她因不懂得拒絕而必須承擔責任之處，這點無庸置疑。

但我個人認為最該為此事負起責任的，還是總經理本人。因為他並沒有注意到工作分配的合理性，只求工作有人能負責即可。而且總經理是位很在乎人際關係、個性上並不擅長處理衝突的人，所以每當他遇到爭端時，他慣於使用逃避的方式來應對。於是乎公司裡有權力的、敢吵敢鬧的人，早已摸透了他的個性與脾氣，所以當他們聲稱自己很忙而無法承擔原本屬於自己的工作時，這些工作就會轉嫁到公司內部裡順從度高、不懂拒絕、不愛爭吵的部屬去承擔，只求能快速擺平紛爭。除了伊蓮娜，受害者還有採購、秘書、會計…一干人等，他們都是公司裡相對順從的一群，這群人最終也都落了個離職的下場，這對公司的穩定度而言，絕對不是一件好事。

想當「好好先生」的管理者，表面看似人和，實則是毫無底線與原則的。這種管理方式對組織而言，是一種慢性傷害，特別是對信賴關係與領導威望的影響更甚。一昧地縱容部屬，如同面對癌症，其實罹患癌症並不可怕，可怕的是在初期時選擇了延宕；等到進入了晚期，屆時想再來挽救的話，恐怕此時已是群醫束手了。

部屬毫無底線的忍讓，只會助長掌權者更加肆無忌憚；管理者若一心想討好某些人，勢必會得罪另一批人，其結局就是兩邊都不討好。

案例二：

威利（Willy）是某被動元件公司的人力資源部門最高主管，手底下有瑪姬（Maggie）這位經理級的得力幹將。在我與威利互動多年的過程中，我真心覺得威利實在沒有真才實學，只因為與總經理有過硬的交情，所以威利才能得以保住地位，而且還可以再花另一筆高薪來招聘瑪姬當威利的幫手，其實以這家公司的規模，人力資源部並不需要兩位主管。

某日，威利會同瑪姬與一位新進女員工做關懷面談，想知道她在進公司的這一個月期間，有什麼需要協助的地方？威利竟然不加思索地詢問這位女性員工為何迄今仍單身？此事可能觸及了女員工的傷心往事，只見她瞬間情緒崩潰、淚如雨下，當時威利整個人都嚇傻了（台灣法律有規定，不能探詢員工的隱私），但威利自己捅的婁子，竟然選擇臨陣脫逃，讓瑪姬接替他收拾殘局。這種碰到困難就逃跑的管理者，在組織裡絕不少見。

最終瑪姬還是離職了，威利找了好幾位接任者，都沒有任何一個人能堅持待在威利的手底下超過三個月以上。只能說瑪姬在這間公司一待就是四年，實在是個很強悍的幹部。

我覺得瑪姬的離職是明智的決定，因為長期處於被上級打壓的工作環境，瑪姬已出現了自信喪失的現象。照這個情勢繼續發展下去的話，很可能瑪姬就會被「體制化」

（Institutionalized），而這對熱情與創意，將會造成難以估量的負面影響。

上述兩個案例，都是管理者必須時刻警惕的細節，對原則必須堅守，否則等到有能力、對公司還抱有期望的部屬紛紛離你而去時，屆時再去追悔也只是於事無補而已。

五 》 不與部屬爭搶工作，認知管理本質並回歸自身

那麼到底哪些才是管理者的核心工作呢？

全世界針對管理能力的研究有很多，個人在此僅列舉三個具有代表性的論點來說明：

1. MTP 管理培訓計畫（Management Training Program）是美國於二次大戰後，為提高企業管理水平而研發的培訓體系。內容融合歐、美、日跨國文化，由「日本產業訓練協會」專責營運。1999 年由中國生產力中心引進台灣。平均每五年修編一次，2019 年完成第十三次改版）將管理工作大致區分為**「工作管理」、「工作改善」、「部屬培育」與「人際關係」**。

2. MAP 管 理 才 能 評 鑑（Managerial Assessment of Proficiency）由美國 HRD Press Training House 團隊研發，由松誼企管引進台灣。是一套客觀且有效評量管理能力的工具，除針對組織內的管理能力優劣勢提供分

析，還可為績效評估與培訓體系的建構，提供明確的參考數據。針對管理者的核心管理能力，區分**「行政能力」**、**「溝通能力」**、**「督導能力」**及**「認知能力」**。

3. TWI 督導人員廠內訓練（Training Within Industry for Supervisors），六十餘年來歷久不衰，受日本產業訓練協會大力推廣，是日本得以從二戰後快速恢復國力的重要原因。將管理能力區分為「JI **工作教導**」、「JM **工作改善**」與「JR **工作關係**」三大類。

無論是採用哪種管理能力的分類，整體內容其實是大同小異、殊途同歸的。MTP、MAP 或 TWI 的分類，才是管理者專屬的關鍵職能。然而在現實裡，我們不難發現許多管理者當前所做的工作內容，幾乎與部屬的現行工作有著高度的重疊，這對於部屬發展以及組織運作，肯定有其不良的影響。

讓我再舉個組織內部常見的例子：

當管理者看到部屬因為還不能獨力完成某項任務、但時限已刻不容緩之際，管理者會習慣性的跳下來親自完成它，並聲稱「與其教部屬，倒不如我自己做還來得比較快」。其結果就是該項任務確實在期限內完成了，但部屬依然沒能學會該怎麼做。既然「部屬培育」是管理者的核心工作，那麼把部屬教到會，就是管理者的職責，而不是去跟部屬搶工作，這不但會讓部屬無法成長，還可能會讓部屬感覺自己彷彿是可有可無的存

在、甚至會失去使命感，以及對組織的認同。更糟糕的是部屬
會認為「既然主管自己這麼愛做，那就通通讓給他做就好了！
反正只要自己裝傻，主管自然會收拾，而且主管還會覺得自己
很重要，何樂而不為呢？」

管理者不能只做自己擅長的工作，而是要把你的專業與技能，
教給手底下的部屬們。當我們協助部屬完成工作的同時，不也
成就了自己嗎？別忘了**管理者並不是自己把事情做好，而是
協助部屬把他們的事情做好**，這才是管理者的天職。

我明白很多管理者之所以不指導部屬，可能原因有五項：

1. 自己根本就不會做。
2. 自己懂得如何做，但不知道該怎麼教。
3. 自己懂得如何教，但部屬並不想學。
4. 自己懂得如何教，但不知道該如何應付多種多樣的部屬
   型態。
5. 擔心萬一把部屬教會了，結果是自己反而被部屬給取
   代了。

上述的最後一項，其實是最可怕的，因為這不但會讓組織的競
爭力開始下滑，還會阻礙部屬的發展，正因為上級幹部害怕發
生「長江後浪推前浪，前浪死在沙灘上」的這檔子事，所以技
術能力便會從此停滯不前，更遑論創新了。

試想，如果管理者刻意不教導部屬，把招數私藏起來，只為讓自己成為組織內唯一懂得該項技術的人，那麼部屬是絕無機會青出於藍、更勝於藍的；也因為技術無人能超越管理者，那麼管理者勢必會因此怠惰而停止學習，導致拖垮整個組織的技術水平，那麼被外部競爭者給超越，恐怕也是遲早會發生的事了。但如果管理者能無私地把技術全數教導給部屬的話，就會鞭策管理者必須保持自我學習、自我超越，以免被部屬給趕上了，此時整體公司的技術水平自然就會持續提升。

日本與德國，是世界兩大工業國，那這兩個國家誰才是實至名歸的第一名呢？讓我用一個真實案例，來幫助大家見微知著吧！

台灣某工具機製造商，廠區已有了三台日本製的生產機台，而且所有的製程都是依據日本的標準作業流程所編寫，員工們也都熟稔此種技術的操作手法，所有的產品水準也都符合現行的日本法規。所以如果該公司打算再採購三部機台以擴大生產規模時，那麼採購日本製機台的選項，應該已是板上釘釘的事了。該公司的董事長與總經理這兩人親自去了一趟日本考察，就是在為採購日本製新機台而做的準備工作。

然而當這兩人在參觀了三家工具機製造商時，卻發現這三家工廠內部所使用的製造機台，竟然都不是日本製造、反而都是德國製造的，而且不約而同的都是源自於同一家廠商；整個考察

過程，日本廠商均有專人全程陪同這兩位主管，就連上廁所這
檔事都有人嚴密監控，全程嚴禁使用手機、相機、筆記型電
腦、平板…等電子設備，保密工作可謂滴水不漏。

於是該公司的董事長與總經理刻意新增了赴德國考察該工具
機製造商的行程。

這兩人在德國工廠參觀時，只要打聲招呼，想怎麼拍照就怎麼
拍照；德國廠商還把所有已分解的機台零件，毫不避諱地向兩
人展示，並為他們鉅細靡遺地介紹該機台是如何被設計、組裝
及運作的；對於兩個人的提問，工廠方也做到了有問必答、鉅
細靡遺的程度，讓這兩人的內心受到極大的震撼。

最後他們兩人問這家德國工廠，為何能對自身的技術做到如
此公開？德國工廠卻只是輕描淡寫地解釋道：「如果我們的
技術能輕易地便被其他對手抄襲的話，那是我們的技術能力
不夠，我們就沒有資格以比對手高出 40% 的價格來販售；如
果有其他公司能超越我們的技術、而且還願意無私地反饋給
我們的話，我們也會樂於把我們的技術分享給對方，因為這種
良性競爭，不僅會讓我們彼此更有競爭力，還能讓我們德國變
得更強大。」

孰強孰弱，從上述的事件中，相信各位應該已能可見一斑了。

所以管理者不能因為自己不會做或不敢教，就給自己找各式各樣的藉口來搪塞。如果管理者想要獲得他人的敬重，就得做出相對應的行動，這才是管理者應有的風範與氣度。

六》不否定部屬的專業、不獨尊自己的強項

喬治（George）是某金融控股公司（Finance Holding Company）行政管理處處長，該部門的主要任務為人事、薪酬、總務、庶務、採購、出納、檔案管理、公共關係…等。

喬治的行政能力相當強，是倚靠個人才幹得以爬升至這個位置的幹部。也許是喬治對個人能力有著強烈的自信心，所以從他眼中看到的所有部屬，沒有任何一位能與他平起平坐的。

莉迪雅（Lydia）是該部門的總務兼採購。其實莉迪雅的專業是採購，有十多年的工作資歷，該部門在應聘她時，是以「採購經理」的職稱錄用的。幾個月後，因總務負責人薇薇安（Vivian）要請產假，喬治認為總務與採購兩者之間的工作有關聯性，況且薇薇安只是請個產假，前後不過兩個月的時間，便指示要莉迪雅接下總務工作。雖然莉迪雅表示這份工作她並不熟悉，但在喬治的強制要求下，她也就答應了，反正薇薇安與莉迪雅平時交情就很好，即使會因此增加自身的工作量，但莉迪雅還是承諾會協助總務工作。

然而薇薇安並沒有於產假期滿後回歸職場，而是額外申請了為期一年的留職停薪。此時莉迪雅因組織的新策略，必須替金控公司全部門的電腦系統進行升級，除大規模的新設備採購評估作業以外，還得導入新的作業系統，這表示莉迪雅的工作量將會暴增數倍之多，此時額外的總務工作對她而言，就顯得左支右絀、窮於應付了。

多數的金控公司，底下至少有銀行、證券、信用卡、信託、保險、期貨、創投、國內外金融…等這些部門，所以工作量與複雜度肯定夠莉迪雅忙的了，況且新作業系統的導入，更是一項耗時費力的大工程。所以莉迪亞立即向人力資源部門反應，請他們務必盡快招募新的總務負責人，否則自己一個人，實在是分身乏術、無力負擔額外的總務工作。

然而當喬治還沒聽完報告時，當下便立即打斷人力資源經理的說話，並拒絕招募新總務人員的請求，然後斥責道：「總務工作有什麼難度可言？不過是買買東西、發發制服、叫修設備而已，有必要為此再多請一個人嗎？我自己隨便做都比薇薇安做得好。缺人就只會補人，你這個人力資源經理也幹得不怎麼樣嘛！叫莉迪雅繼續做總務，不做就趕快走人。」

於是莉迪雅就真的離職了，然後一場「蝴蝶效應」的戲碼便上演了。

喬治覺得採購工作沒有什麼技術難度可言，便指派祕書去做；然後秘書也因為身體吃不消而選擇離職，喬治又把採購工作丟給出納去做…，於是該金控公司的系統更新與導入工作進度便受到影響而不斷地延宕。然而喬治只是一昧地斥責部屬們的無能，卻沒能意識到正是自己對部屬專業的輕視、而促成了這一切後果。

最可笑的是當薇薇安聽說部門裡所發生的這一列事件的始末後，也從原本的留職停薪，立即改成離職了。

很多管理者似乎會認為除了自己的工作最困難、最有價值以外，對於其他部門或部屬的工作都覺得很簡單，於是便逐漸養成了把自己吹捧得高高的、而刻意去貶損其他人存在價值的陋習。

別太把自己當一回事，而不把他人當一回事。

愈優秀的人，愈是表現得沉穩低調；有實力之人，往往從不擺架子。

古云：「天不言自高，地不言自厚，以萬物為參照，可洞觀一己之不足。」大意是天地無須自誇有多高多厚，但我們能眼見天地之間到底有多麼寬廣；真正有涵養的人，絕對不會自得意滿、到處誇耀自己的學識有多麼學富五車。

樹長得有多高，其根就必須扎得有多深！部屬的專業技能，豈有我們眼中看起來那麼簡單的？看似愈簡單的工作，其實都是花費了多少的時間與經驗的累積，才能展現出如此輕鬆自在、行雲流水的狀態？！

武打明星甄子丹（Donnie Yen）在電影《葉問》開拍前的當下，其實還處於不懂詠春拳的階段，很難想像，對吧？但這部電影之所以是甄子丹的成名作，正是因為甄子丹努力的結果。

在拍攝電影《江山．美人》與《畫皮》時，甄子丹一有空閒便會在拍攝現場練基本功，回到飯店就在房間裡練木人樁。就因為練得太用心了，常常吵得周迅與趙薇這兩位女主角沒法好好休息；甄子丹收集了大量有關葉問的資料，即使蹲馬桶時也在翻閱；為了還原葉問消瘦的身形，甄子丹刻意節食並設法隱藏自己壯碩的體格；因融入了葉問的內心世界，舉手投足與言語表現，已獲得了葉問之子葉準的認可；最難能可貴的，是甄子丹必須忘記過往自身硬朗的武術風格，否則無法重現詠春拳的樣貌。

正是這耗時九個月的努力，才能成就這部經典電影。

管理者位階再高、能力再強，只要沒有部屬的付出，你啥也不是。

某次我接受一家製造業廠商的邀約，擔任該公司管理者的教練。這些被教練的候選人，必須經過我的甄選。其中有兩位高階管理者令我印象深刻：

菲爾（Phil）是位專案經理，負責對應公司最大客戶的聯繫工作並主持工程部門的商品開發。在我還沒開口詢問菲爾時，菲爾就在我面前開始不斷地吹噓，像什麼僅幾個月的時間，在他的指揮下，即使客戶提出來的要求有多麼地苛刻，但他還是完成了這項不可能的任務。但卻沒有一句話是提及對工程部門與工程師的感謝，彷彿這事能成，都是他一個人的功勞而已。所以最後確認被教練的名單時，菲爾並沒有入選。

克萊兒（Clare）是該公司的財務總監，也是該公司的創始元老之一，但她跟剛來幾個月的菲爾卻莫名其妙的契合，兩人經常私聊在一起。

當克萊兒知道菲爾並沒有入選時，她還替菲爾抱屈，認為菲爾是公司的高階主管，何以沒有入選？其實我也沒有讓克萊兒進入培訓團，理由如下：

1. 這兩人都在我面前都不斷地誇耀他們對公司的貢獻有多麼地豐厚、能力有多麼地逆天。既然如此，這兩位不就該把這個機會，讓給公司內部管理能力相對較弱的人來才對啊！何必來爭搶資源呢？

2. 菲爾的自我吹捧，讓我感受到他目中無人的傲氣，絲毫沒有感謝部屬之意，而這正是管理者最不該有的態度。

3. 克萊兒在公司內部其實並不受部屬喜愛，是因為他們都覺得克萊兒太過官僚、愛擺官架子、還老愛議論他人的是非八卦。

4. 菲爾認為他的專案很成功。但當我聽取工程部門的說法後，他們一致認為這個專案商品其實還有很多瑕疵未能被修正、便匆匆讓商品上線，導致客戶端的抱怨相當多，平均每周至少都得去客戶那邊一趟，來進行系統漏洞的修補。但菲爾並沒有把這件事情完整地告知我，所以我覺得菲爾也犯了管理者另一項絕對不該犯的錯－隱匿事實，專挑對自己有利的部份講。

5. 菲爾與克萊兒這兩人都對執行長有諸多的不滿：菲爾認為該項專案他的執行很成功，理應拿到獎金上限，但他覺得執行長卻只給了他最低的獎金下限。克萊兒則是認為執行長交辦給她的工作量太多、導致她的丈夫對她疏於照顧家庭多有微詞、身體健康也每況愈下。但有趣的是當我問這兩人是否有把跟我說的這些內容，直接向執行長反應時，這兩人竟然都回答沒有，所以我初步假設，這極有可能就是這家公司八卦滿天飛的原因之一。

當我宣布公司要開始進行第一個有關信賴關係建立的行動方案時，克萊兒在會議後跟他人耳語道：「這樣做會有效嗎？」，光是出現這樣的言論，就足以證明她是位不合格的管理者，而且這也坐實了克萊兒的八卦行徑。

如果克萊兒是在我提出這項行動方案後，當場在眾人面前向我提出質疑的話，我百分之百能接受，因為她有知的權利，而且這也給了我為她說明理由及舉證的機會，即使她要否定我的案子也沒問題，只要拿出實證來推翻我即可，否則按照議事規則：會議當下所做成決議、且沒有任何人當場提出異議的話，那麼上從執行長、下到工讀生，全體同仁均要貫徹執行。但克萊兒卻是私底下找了好幾位與會人員提及此事。我心想：「克萊兒妳是曾經做過嗎？不然妳怎麼知道這個策略會沒效呢？」其實克萊兒說出這番言論的背後含意，就是她並不打算執行這項策略，所以她想多拖幾個人一起下水，讓他們也跟著抗拒執行，如此一來，她就不是公司裡唯一沒有執行的人了，而這就是八卦者的意圖，也是該公司必須立即解決的惡文化之一。

事件後續的發展是：執行長決定面對菲爾對獎金不滿的事，直接去找菲爾面對面溝通，然後他們就大吵了一架，菲爾就被辭退了。菲爾事後竟然還打電話騷擾財務長，逼迫財務長必須發放他應得的獎金，財務長則請菲爾直接去找執行長溝通，因為財務長需要執行長的命令才能有所動作，然後菲爾就再也沒有繼續追討獎金了。原來菲爾心裡最在意的，就是錢，所以他一直強調自己的功績，目的就是想在員工面前，把執行長的人設塑造成口惠而實不至的崩壞形象。但菲爾對我實在是太不了解了，我可不是那種僅憑隻字片語、就會輕易採取行動的人。

而克萊兒則吃定了執行長是位老好人，所以有事沒事總愛拿離職來要脅。但這回克萊兒可是踢到了鐵板，當克萊兒隨口又把

離職掛在嘴邊時，執行長隨即選擇順坡下驢、當場就同意了克
萊兒的辭職，還立即讓她寫下離職書，並把工作交辦出去，於
期限內離開。所以請記住，位階愈高者的管理者，愈需謹言慎
行，絕不可把話當兒戲。

正因為執行長展現了決心，這令其他幹部都對執行長刮目相
看，明白這回執行長是動真格的，否則我怎麼可能讓這家公司
被教練的六個幹部，在短短的五個月期間，就快速地提升了管
理能力呢？因為從教練培訓案結束的回收問卷調查來分析，部
屬們一致認為這六位管理者，在決策速度與品質、人際關係與
溝通、問題分析與解決這三項管理指標上，明顯與過往的表現
有著很大的差距，而且是肉眼可見的。幸好菲爾與克萊兒已經
不在公司了，否則這條改革之路，恐怕是不可能這麼順利的。

尊重部屬的專業，感謝部屬的付出，是管理者們必修的境界，
同時也是同理心的具體展現。別忘了管理者的個人成就，是彙
集全體部屬的努力所累積出來的成果。沒有部屬而只有管理者
一個人，又能發揮出什麼作用呢？

**管理者絕不能獨尊自我、而忽略他人。我們應該對這些辛勤
努力、默默付出的部屬們心存感激，這不正是為人處世的基
本道理嗎？**

當下馬上行動，
立刻就有感

> 想要讓團隊立刻有感嗎？想讓部屬對您刮目相看嗎？
> 那就展現您的決心，立即著手做這四件事吧！

一 》 用人不疑疑人不用

「用人不疑，疑人不用」，乍聽之下很像是講述主管與部屬的關係，但用來闡述部屬對主管的看法，其實也能說得通。倘若部屬不信任自己的上級，部屬對上級的指令有所質疑的話，那麼這種不信任，肯定會對主管的領導威信有很大的傷害。

首先，讓我們先來談談管理者與部屬的關係吧！

如果你自身是管理者，但你卻從不信任自己的部屬，處處設下防弊機制，或是凡事不授權，將會是個怎樣的光景？

舉個很常見的例子：當部屬代表公司去談案子，但在談判協商的關鍵時刻，買方提出某些要求時，此時部屬說：「**我要回公司請示我的上級**」，這句話就代表部屬並未被上級充分授權，所以沒有話語權，那麼請問各位，此時買方為何還要繼續跟該部屬商議呢？這也是為何擔任銷售工作者，最容易聽到買方說：「**找你的上級來談**」。

「請示上級」這句話的背後，也透露出另一個訊息：部屬並不具備足夠的專業能力來談案子，這將使得部屬在客戶面前無法獲得信任。

由丹佐‧華盛頓（Denzel Washington）主演的電影《赤色風暴》（Crimson Tide，1995 年）裡有段情節：當艦長做出決定要發射核彈的決策，但新的指令卻因為受到干擾導致中斷、使得資訊不完全時，副艦長執意要等到確認新指令的內容後，才能同意發射，於是雙邊開始展開各執一詞的爭辯，導致軍心動搖，甚至演變成一場叛變。這不僅是信賴關係的問題，更是當主管與部屬在意見上出現分歧時，該用怎樣的解決方式最為合理。

我們最常見到的情況是：最高主管才能做為最終拍板定案的人。但赤色風暴這部電影裡，當要做出發射核彈如此重大的決策時，在制度上是必須艦長與副艦長這兩人都同意的情況下，方能成立。但在職場上我們最常見到的情況是大多數的主管，

都會設法撤換掉不聽話的部屬，然後換一個聽話的（請記住，這裡的重點是聽話，而不是信任）。

信賴關係，是企業文化的核心與基石。

請問各位，你認為建立信賴關係，需要花費多少時間？我不能斬釘截鐵地告訴大家耗時多久、多長，但我可以很負責任地說：想要破壞它，只需一句話、甚至是一個眼神、一個表情，就可輕鬆完成。

在我接受《CEO 研究生相談室》（YouTube 與 Podcast 上均能搜尋得到）這個廣播節目訪談時，我不只一次地推薦大家務必要看《對話的力量》（世古詞一，大樂文化）以及《克服團隊領導的五大障礙》（派屈克·蘭奇歐尼，天下文化）這兩本書，就是希望所有的企業高層，讓全公司上下都必須以建立信賴關係，做為企業文化的基石；而信任關係更是促進企業內部溝通順暢、杜絕八卦的解決之道。

管理者的「用人不疑，疑人不用」

我個人認為管理者的「用人不疑，疑人不用」，至少必須做到以下幾點：

1. **瞭解你的部屬**

你必須要願意花時間且定期地與部屬們對話，真心地傾聽他們的內心想法、價值觀、夢想、家人、工作狀態、興趣與愛好…等，唯有真正地瞭解你的部屬，你才能知道該如何協助你的部屬。

管理者經常會犯一個很低級的錯誤（正確來說，只要是人都容易犯這樣的錯誤），就是希望對方能成為我們心目中理想的樣貌。殊不知每個人均來自不同的家庭，有著不同的成長背景，所以每個人都有著不同的價值觀、理念、生活型態、文化與習慣…等，我們是不可能強硬地把對方塑造成我們想要的樣子。身為管理者，我們更應該依據對方既有的樣貌，去發揮他的長處。唯有做到瞭解，才能做到真正理解，這是身為管理者最基本的份內工作。你若是不願意花時間去瞭解部屬，你又豈能期待部屬來瞭解你呢？

2. **尊重每位員工的價值觀**

在我擔任多年的企業教練經歷裡，文斯（Vince）是我最欣賞的學生之一。文斯的總經理希望能晉升他至更高的職位，但前提是文斯必須赴海外歷練兩年返台後才能獲得升遷機會。文斯約我一起吃晚餐，除了維繫情感外，也想順便問問我對此事的意見。

我知道文斯是位很有企圖心的高階幹部，但這幾年才剛組建家庭，且育有一對雙胞胎，他最得意的事，就是待在家裡享受孩子圍繞身旁的快樂。所以我問他：「你覺

得此刻的你，是事業第一？還是家庭優先？」，他毫不猶豫地回答：「家庭」；於是我順勢問了他第二個問題：「請問此時總經理提議讓你去海外歷練這事，在你腦海裡浮現的第一直覺，是他優先考量你的前途？還是他自己的仕途？」，文斯沉默了片刻，然後他說他懂了。

無論是選擇家庭、還是工作，這兩樣都沒有錯，而是每個人依據當下身處的情境，所做出的取捨，如此而已。

由尼可拉斯‧凱吉（Nicolas Cage）主演的電影《扭轉奇蹟》（The Family Man，2000 年），敘述主角有個短暫的機會去重新體驗人生。倘若在十三年前，他並未隻身前往倫敦實習、而是選擇組建家庭的話，會有怎樣不同的人生體驗呢？片中男主角放棄了家鄉女友，隻身前往倫敦實習，十三年後已是身價上億的總經理、開著法拉利、過著夜夜笙歌的日子；但當男主角回到十三年前做出不同的決定：與家鄉女友成家、有兩個孩子、在岳父輪胎廠當銷售…，男主角一開始是完全不能接受的。但漸漸地當男主角發現即使收入不高、幫小孩換尿布、送孩子上學、遛狗…這些看似平淡無奇的生活，卻是他生活裡最甜蜜的時刻。

但當男主角有機會得以重返金融公司工作、能搬到紐約住豪華大廈、安排孩子去私立學校，女主角卻堅持住在小鎮的房子、過以前的生活、做以前的工作。男主角告訴女主角：「進大公司、賺大錢、不用再吃廉價餐廳、不用再剪折價券、不需要自己鏟雪。你沒看見我們終於

要過上別人羨慕的生活了嗎?」女主角則回答:「別人
已經很羨慕我們現在的生活了。」

**男主角說的是別人眼中的成功,而女主角說的是別
人眼中的幸福。這就是每個人眼中對「成功」不同的
詮釋。**

我們一生中有許多決策,需要我們透過取捨來決定,而
捨棄的部份就是我們的機會成本。但人生沒有後悔藥,
一旦做出了決策,就算是事後悔恨不已,也只有選擇自
己吞下的份,因為人生是你自己的。

管理者不該將個人的私欲,強加在部屬身上,美其名說
這些都為了他們好,其實我們更應該積極地傾聽部屬的
內心,站在公正客觀的立場上,為他們分析利弊得失。
即使部屬最終的決定並不一定符合企業利益或你個人的
期望,但畢竟這是屬於部屬自己的人生,你唯一能做
的,就是好好地祝福他、協助他,並無條件地支持他,
除非他正在做壞事,否則對與錯、是或非,都是每個人
的價值判斷。

管理者必須要理解「家庭生命週期」(Family Life
Cycle)這個詞的涵義。我們每個人從出生到生命結
束,不同的階段,有著不同的關注重點:員工可以在單
身階段時,決定全力投入工作、或是組建家庭,而這些
都是部屬自己的決定;當員工組建家庭、生兒育女後,
管理者所要做的,是提醒部屬注意當下的家庭生命週期
處於哪個階段,重點最好就放在那裡為宜。

如果你的女性部屬產子後，表示希望能在這個階段將重心轉移至家庭、和孩子多相處的話，那麼管理者應該做的，就是幫助她減少工作量、避免讓她因過度投入工作而忽略家庭，同時你也有權讓她知道在這階段的升遷與加薪機會，必須優先讓給其他同仁才叫公平；如果該女性部屬認為即便生了孩子，她依然想要把重心放在工作上的話，那麼身為管理者，充其量只能提醒她其中的利弊得失，然後充分尊重她的最終決定。

員工有權去調整自己的工作重心，只要這些價值觀與選擇並不違背社會的普世價值與道德底線，那麼員工所有的價值觀與任何選擇，都應該無條件地受到尊重。倘若主管威脅員工「如果不去做什麼工作，就會影響他的仕途」、或是「為什麼你不能把像我一樣全身心的投入工作呢？」這類言詞的話，那就是道德綁架與情緒勒索，更是破壞信任關係的不當行為。

3. **關注並積極培養你的部屬，無論是工作上還是心態上**

部屬的工作能力，至少有八成以上是屬於管理者的責任區域，這是屬於人力資源發展裡「在職訓練」（On Job Training）的範疇。而部屬的心理狀態，也是管理者必須保持動態平衡的一個過程。管理者在排解部屬的工作與生活壓力所花費的時間愈多，與部屬之間的信賴關係自然就會愈緊密。主管當然可以給予部屬該有的工作壓力、並設定更高的挑戰目標，但前提是你得讓部屬理解其目的與理由為何。

信賴關係不只是一句口號，而是一種做法。「**不要聽對方說了些什麼，而是要看對方做了些什麼**」，管理者心中所想的，其實部屬早已心知肚明，只是他們大多選擇沉默罷了。

「用人不疑，疑人不用」不僅是一種態度，更是一種技能。試想，如果管理者沒有花時間去培養部屬、關心部屬、瞭解部屬，你怎麼可能相信他？如果部屬沒有感受到管理者願意花時間去培養他、關心他、瞭解他、理解他，部屬又怎會去相信主管呢？這絕對是一個雙向的過程。

4. 找到並勇於處理破壞信賴關係的元兇

可能有人在公司一開始表現得並不怎麼樣，但隨著自己的發展與努力、以及與主管之間的互動與培養，這些人的表現會漸入佳境；也有些人一開始確實很優秀，但在工作的一段時間後，工作表現卻每況愈下，這是為何呢？

因為**人的能力與心態變化，是一段動態的過程**。一位員工的能力如果長期不被培養，那麼很快地他就會跟不上時代；員工若經常被忽略其工作成果、不受重視、人格不被尊重，那麼他的自信心很快就會被擊垮；如同汽車、機械一樣，必須定期接受保養、檢修，才能確保正常運作。

信賴關係也是如此，所以身為管理者的你，一定要時刻保持警覺，若有某位員工的行為出現偏差，一定要在最快的時間去導正他、處理他，以免危害整個組織。

某工廠裡，強尼（Johnny）因被蜜雪兒（Michelle）的氣質與外貌深深地吸引，所以經常向蜜雪兒發出邀約、表明想要追求之意。然而蜜雪兒並不喜歡強尼的死纏爛打，而且也已多次表明拒絕的態度。但可能強尼誤信了「烈女怕纏郎」這句話，所以即使被拒多次，追求行動也從未停止過。

就在蜜雪兒忍無可忍之際，她去尋求廠長艾斯（Ace）的協助，表明強尼的追求行動已經對她造成了困擾，請艾斯出面要求強尼停止這些行為。然而艾斯的回答卻是：「**妳不要理他就好了**」，所以強尼的追求行為依然在持續中，而蜜雪兒也在持續崩潰中。

這個案例最終的結果是：蜜雪兒以性騷擾的名義，將強尼告上法院，人力資源部也多次出面調停斡旋，但仍無法有效地解決雙方的紛歧。又因這兩個人都各執一詞、自認有理，所以兩個人都仍在工廠內就職；但因為兩個人的爭執仍未停歇，所以把工廠內部的工作氣氛搞得烏煙瘴氣。

一年後，終於在強尼的離職下，結束了這場肥皂劇。

請問各位，如果當時的艾斯立即出面處理此事，今日的情況是否會有所不同呢？當蜜雪兒向主管反應時，這就是員工在向主管求救。然而正是因為艾斯的不作為，導致這起事件被不斷地擴大、蔓延，最終導致無法收拾的地步，而且收拾殘局的人，竟然都是人力資源部門在幫忙善後，艾斯反倒是躲了起來。如果你是該工廠的員工，你還會認為艾斯是位合格的管理者嗎？

當某位部屬出現了不當行為，若管理者無法保持動態察覺，並於第一時間即時糾正其行為的話，很可能會對組織產生不良影響。所以當管理者發覺不對勁的當下，就要立即追查真因，蒐集足夠的證據後，隨即採取行動，要求當事人限期改善；若部屬仍無法修正其行為，則必須當機立斷，給予應有的懲罰，必要時得請他離職，以免危害組織，重點是主管必須全程自行處理，因為這是管理者的職責，沒有理由推諉。在職場上，絕對沒有「刀切豆腐兩面光」這等好事，**管理者必須勇於得罪少數人，才不至於得罪更多人**。

5. 唯有承認自身的不足，才能擁有真正的自信

人，貴在自知。

管理者可能是過度在乎面子，而忘記了自己也是個人，不但有弱點、也會犯錯。我看過很多管理者之所以生性多疑，是因為他們曾經遭到夥伴們的背叛。但我很想說的是：當下的部屬，與過去曾經背叛過你的人，有什麼直接關係？他們為何需要承擔你過往背負的傷痛？自己的問題就該自己承擔，而不該轉嫁他人，自己視人不明，就該罪責自己，而不應該用「天下烏鴉一般黑」的論點來支持你的謬論。「用人不疑，疑人不用」的核心，不僅僅是兩者之間的信賴關係，更是管理者對自己是否夠瞭解、能否勇於承認自己的不足以及不完美的過程。

試問大家：你生命裡最要好的朋友，是不是你們都曾經激烈爭吵過？從來不吵架的夫妻、朋友、同事、上級，

真的就如表面上所看到的那般和諧嗎？我最擔心的，就是表面看似風平浪靜的組織，私底下卻暗潮洶湧、危機四伏。如果你有很長一段時間都沒能聽到部屬提出的反對意見，組織成員在你的面前也從來不會違逆你的意志，那我會提醒你該好好自我檢討一下了，這種壓抑與噤聲，是否就是你一手造成的？

6. 創造彼此都能說真話的工作環境

如果我們對某個人不抱著任何期待，我們還會願意跟對方說真話來得罪對方嗎？真話往往不是好聽的話，如果有人願意說真話，雖然聽起來可能很刺耳、很受傷，但往積極面去思考的話，這代表著對方還對我們抱有期待，希望我們能更好。所以勉勵各位主管，要勇於接納不同的聲音，甚至是反對意見，這不僅是胸襟的問題，更是對拓展自我的視野與格局，有著至關重要的意義，正所謂「良口苦口利於病，忠言逆耳利於行」。

身為管理者，如果長期聽不到任何的反對聲音，那麼這位管理者肯定大有問題。「用人不疑，疑人不用」不能只維持表面的和諧，而是追求實質意義上的信賴關係。提醒諸位管理者們，你們該思考如何去**創造一個讓彼此都願意說真話、而不受懲罰的工作環境**，這才是主管該做的事。

身為員工，我們都希望能受到公司的重視與肯定，更期待自己能被上司信賴，所以要讓自己成為上級的左膀右臂，我們至少得做到以下兩件事：

1. 持續提升你的專業

近年很流行一個新名詞－「斜槓」人生。

我不反對兼職或兼任。但如果自己本業的工作技能還不足以達到專業的地步，那麼斜槓恐怕會變成歪樓。

當湘北對抗豐玉時，流川楓的左眼被對手南烈惡意撞傷，為何只剩單眼的流川楓依然能憑藉本能得分無數？湘北對抗山王工業時，三井壽明明就已經累到根本睜不開眼，卻依然能抬手就是三分球命中？

因為這兩個人都在球場上，都反覆投過數百萬顆這樣的球，進而產生了「肌肉記憶」，所以他們兩人能夠依靠本能順利完成任務。

所以櫻木花道能在山王戰，僅靠他一週內跳投兩萬顆的訓練成果，完成絕殺贏得比賽，看似樸實無華，卻是對「專業」一詞最佳的詮釋。

「專業」這詞看似很主觀，其實是有標準可衡量的。個人認為專業必須包含**「專業知識」、「執行成效」以及「學習能力」**這三項指標。

很多人可能自認為完成碩博士學業就感覺自己十分了不起，卻在投入職場後頻頻受挫，這是因為他們只完成了專業知識，卻忘了「知道不等於做到」這個道理。如同駕駛執照，拿到駕照不代表能夠上路；能上路並不代表有經驗；有經驗更不代表熟練。追求專業是一條無止盡的道路，如果你自覺距離專業境界尚還有一段距離的話，此時我是絕對不建議你去實現斜槓人生的，以免一心二用，最終導致兩頭落空。儘管反覆操作是一件很

累人的事，但這正是通往專業的唯一道路，沒有捷徑可走。

2. 管住自己的嘴

華特（Walter）是位非常專業的專案經理人，尤其是在專案統合與對外溝通，其能力是有目共睹的，然而總經理最終還是請他走路了，原因就出在他那張管不住的嘴。

總經理利用中午時刻，抽空打了一劑新冠疫苗。到了下午開會時突然感身體不適，所以提早離開會議。沒想到總經理才剛走出會議室沒幾秒鐘，華特就突然冒出：「矯情」這兩個字，而會議室裡的幹部們都還在現場。總經理請全體員工包場去觀賞電影，可能是因為華特並不喜歡這類型的影片，結束後竟當著大家面前「口吐芬芳」，類似這種不給總經理留情面的情況，多得根本數不清。

其實總經理是真的很看重華特的工作能力，甚至已經在考慮拔擢他成為副總經理。但正是這一次又一次的謾罵事件，只能逼得總經理做出開除華特的決定，否則其他員工不僅會有樣學樣，還會影響總經理的領導威信。

真實華特是可以跟總經理說真話的，畢竟總經理也是個大度之人，但他犯了兩個致命的錯誤：一是當著員工面前數落總經理，二是這些話語只是情緒性字眼，毫無建設性可言。

除非你的專業技能足以讓組織認定非你不可，否則沒有任何一位管理者必須要忍受管不住嘴的部屬。

二 》 兼聽則明，偏聽則蔽

文生（Vincent）是某國際級企業的人力資源部經理，下轄三個單位：人力資源發展課（Human Resource Development）、人力資源管理課（Human Resource Management）以及總務課。為因應組織的日益擴大，人力資源部打算新增副理一位，來分擔文生同時兼任三個部門的工作量，並成為文生的代理人兼副手，於是總經理同意了文生的請求。

凱特（Kate）與蘇菲（Sophie）這兩位課長與文生在該公司，已有十年的共事情誼，牢固的信任基礎自然不在話下。

當文生找這兩位戰友共同商議人選時，兩位竟然都說晉升哪位都無所謂，反正他們都能彼此照應，畢竟革命情感就擺在那裡。最終凱特表示她剛升格為人母，所以她希望此時能把重心優先放在家庭，待孩子長大後再考慮升遷；而蘇菲的人緣好、溝通能力強，深受廠商好評與部屬愛戴，所以文生決定推薦蘇菲。

然而令文生大跌眼鏡的是：總經理並未接受文生的建議，而是直接給了文生一道指令：他要晉升一年前才從英商轉職過來的山姆（Sam）。山姆目前只是總務部裡的一名課員，如果這個晉升方案屬實，那麼他將連升二級，瞬間成為凱特與蘇菲的頂頭上司。

姑且不論山姆的專業能力如何，山姆個人最大的問題，在於他的工作態度與情緒管理：對外籍上司總是竭盡拍馬屁之能事，卻鮮少對自己應負責的專業領域盡力學習；經常把事情丟給別人做；一旦碰到不順心的事，總會無法控制住自己的情緒而破口大罵…。若不是山姆的部門裡還有兩位能力出眾的同儕幫忙頂著，以及凱特與蘇菲的即時救場，他所負責的總務工作，肯定是紕漏不斷的，此時的山姆絕對不是一位合格的管理者。儘管在組織裡山姆也是文生的間接部屬，但礙於該公司的制度與文化，文生僅有人事建議權，但不具備最終的人事決定權。

人事命令是下個月才會發布，所以還有半個月的時間可以運用，所以文生打算向總經理說明此事可能引發的組織反彈與危機，並了解是基於什麼理由讓總經理做出這樣的決定？希望總經理能謹慎考慮，若能收回成命，當然是最好的結果。

結果總經理總是以工作繁忙為由，只是簡單地告訴文生他有他的考量，然後就出差去了。接下來的兩周，無論文生再怎麼努力，總經理始終以沒時間為由，未能好好地與文生討論這個議題。其實文生知道總經理只是找藉口躲著不想處理這件事，這也是總經理慣用的伎倆，只因為有文生、凱特與蘇菲這三名得力幹將的存在，才能慣著總經理讓他繼續使用「船到橋頭自然直」的拖延戰術。

文生知道這樣的人事命令，肯定是無法獲得部屬支持的。山姆辦事不牢、脾氣差，在公司裡早已得罪了不少人，就連他自己

部門的兩位同僚也不只一次地跟山姆爆發過衝突，事情也始終未能獲得改善。儘管這些事情大家都看在眼裡，但無奈總經理與外籍管理者似乎都未能察覺。

人事命令發布的當天，凱特與蘇菲向文生表示，她們兩人實在是難以接受公司的這項決定，即使不晉升她們兩人，但該考慮山姆可能給公司帶來的負面影響。如果此事無法給予她們滿意的答覆，那麼她們只能選擇以離職來表達無聲的抗議了。

凱特與蘇菲兩人的優異表現，早在同業間流傳已久，甚至有多個廠商以高於現職薪資一倍以上的優渥條件來挖角這兩人，只因為文生與這兩個人的信賴關係堅不可摧，以及這麼多年來三個人共同建立的革命情感維繫著，所以她們兩人從未有過轉職的起心動念；即使去年總經理不顧這三個人的極力反對、仍堅持任用了山姆這顆不定時炸彈，在人力資源部門裡也激起了不小的漣漪，但在凱特與蘇菲這兩位大將的努力維穩下，底下的員工也沒發生任何異動。此時倘若這兩位大將真的離開公司，勢必會影響底下的部屬跟著離職，屆時人力資源部門肯定要垮台，而根據山姆的個性，他肯定不會幫文生扛下任何責任的。

這個事件的後續發展是：

1. 文生仍未能讓總經理收回成命，即使文生已開出加碼30% 的薪資條件、並承諾於次年度優先晉升蘇菲與凱特的條件，也未能成功慰留。

2. 蘇菲已成為其他公司台灣區的銷售總監；凱特成為網路
   自營商，在家工作之餘，還能照顧孩子。

3. 山姆上任二周後，總務部門的兩位山姆同儕均提出
   辭呈。

4. 山姆上任一個月後，人力資源發展與人力資源管理兩個
   部門共計七人也全數申請離職。

5. 陸續為人力資源部招募了近二十位新進員工，但沒有一
   個人在職超過二周以上。山姆回報新進員工的離職原因
   是「公司制度差」、「薪資福利待遇不好」、「九〇年
   代的員工抗壓力差」這三項。

6. 四個月後，文生離職，人力資源部門只能被迫面臨
   重組。

從本案例中，我們可以觀察以下二個重點：

1. 主管在做決策時，為何不尊重副手或是專業幕僚所提的
   建議（特別是持反對立場的部份，即使你覺得部屬可能
   並不了解你當時的考量）？主管可以提出個人的觀點或
   所處情境，來讓部屬替你思考看看，是否還有其他不同
   的做法，同時也可重新評估風險。

2. 在用人的過程當中，為何不優先考慮晉升內部員工、而
   非得要使用空降部隊？難道主管不信任自己單位部屬的
   能力與人品嗎？

現實中的凱特和蘇菲這兩位，是我多年要好的朋友。當他們跟
我提及這件事情時，我跟凱特和蘇菲做了一次模擬－如果我是

文生，我會這麼做：「你也知道我們公司的文化，當上頭做了決定，我也不好反對，但身為你們的主管，我的應對方法是：人事命令既然已成定局，山姆即使晉升了，他還是我的部屬，如果他做了讓你們兩個感到不舒服或不正確的事，你們可以先來找我商量，由我來判斷定奪。我肯定強烈要求山姆必須尊重你們兩個人。既然地位與名份已經給了山姆，那我來幫你們爭取實利吧！你們每個月的交際補助費有一萬元的額度，並給你們每人配發一部新的公務手機，所有的通話費用與支出，均由公司負責，你們兩位覺得呢？」，這時凱特和蘇菲紛紛表示對於這樣的處理方式表達認同，因為主管此時既然不能給名，好歹要給利，而且在最基本的權責劃分上，也設置了一道防火牆，她們兩人沒有不支持的理由。

我常聽到很多主管會問我：「我沒有實質審核權或決定權，該怎麼辦？」，請各位不要忘了，「建議權」也是一種權，為何多數管理者無法充分發揮建議權呢？你跟你的上級為何信任基礎如此薄弱呢？照理來説，你是上級的副手，主管理應尊重你的意見才對，要不然為何主管需要副手？就像我前面提到的電影《赤色風暴》，當核彈要發射時，必須獲得艦長與副艦長兩人同時認可才可執行此一指令，這條規定的含義，就是在決策時防止管理者獨斷獨行的保護措施。

以前我在面試時，我跟其他同時面試者就曾經訂過這樣一道規則：面試如果當場有二位面試官，必須雙方都同意才可任用；若面試官有三人以上，則採取共識決，在場的任何一個人，均

享有一票否決權。如果主管永遠都是一言堂，那還有什麼法治可言？

當一位管理者完全不願傾聽部屬的建議時，那麼我會奉勸這樣的公司，有多遠就離多遠（除非你是個能接受任何安排、也不會有什麼意見的人），否則未來的日子你肯定也會過得很憋屈。事實證明當凱特與蘇菲離開公司後，這兩個人都有更好的發展，凱特和蘇菲原本會在公司工作待超過十年，是因為凱特、蘇菲和文生這三人之間有著長期的信任關係；但當總經理打破他們三人之間的信任關係後，總經理就該肩負起全部責任，雖然直到最後，總經理也沒有為此事負起任何責任。

當關羽、張飛陸續被害，劉備執意先伐東吳、再滅北魏，趙雲、諸葛亮、馬良等人力勸，但劉備仍選擇不聽。最終被陸遜火燒連營七百里，從此蜀國元氣大傷而消亡。歷史上因一意孤行、最終導致整個王朝覆滅的案例，數量之多有如過江之鯽，這些歷歷在目、斑斑可考的事跡，難道還不足夠讓我們引以為戒嗎？

現代管理學之父彼得・杜拉克（Peter Ferdinand Drucker）催生出「管理」這門學問，歷經半個世紀的考驗，依然歷久彌新。

由保羅・赫賽（Paul Hersey）與肯・布蘭佳（Ken Blanchard）於 1969 年共同提出的「情境領導」（Situational

Leadership），主張在部屬不同的發展階段，應使用不同的應對領導方式，且該理論經過反覆驗證是有效可行的。

美國心理學家費德勒（Fred E. Fiedler）的「權變理論」（Contingency theory），主張組織在不同的情境下，應使用不同的管理方式。

既然上述三種領導管理的方式，均已接受時代的考驗而留給我們使用，我們這些凡夫俗子又何必在從事管理工作時，總想著依循自己的經驗、卻不善用前人留給我們的寶貴經驗呢？

規矩是人訂的，要人治或法治都可以，但公司必須講清楚、說明白，我們到底是採取哪種方式，管理者不能專挑對自己有利的方法，讓自己在兩邊遊走。公司可以規定最高主管握有最終決策權，但決策的當下，就得知道決策者必須承擔一切的後果與責任。我個人的想法很簡單：如果公司只有你一個人，那麼你自己做決定、你自己負責即可；但如果公司或組織有了一定的規模、且有了諸多的專業人員，那麼我會建議為了避免主管做決策時，陷入思考誤區或獨斷獨行，導致無法避開風險，就該讓副手或專業幕僚來提供專業意見，協助最高管理者作為決策的參考，使管理者有更多的資訊來思考問題並謹慎決策。千萬不要跟部屬說：「這不是我想聽到的答案」、或是「我不想聽到這句話」，因為這些話都代表當下主管的心中，早已有了定見，只是想走個流程，希望部屬們能說出符合主管心目中

的想法而已。主管的內心必須謹記「上有好者，下必有甚焉者矣」這個道理。

如果上級積極正向，對部屬愛護有加，那麼身為部屬必然在日後也會效法上級；如果上級喜歡部屬逢迎拍馬、阿諛奉承，那麼下位者肯定也會迎合上位者的愛好，無所不用其極以滿足上位者的需求，等該部屬晉升後，他也會成為喜歡被逢迎拍馬的官僚。

主管想要如何創造一個可以讓大家彼此信賴的環境，首先一定要讓部屬了解，即便持反對意見，也不會受到懲罰的環境；即便有不同的觀點，也會被尊重的環境，這才是主管應該要做的事。

我們該如何獲得上級主管的信任呢？

讓我們回到這個案例的原點來分析。凱特和蘇菲絕對不是僅用一天就能獲得文生的信任，他們的信任是來自於長期建立的革命情感。我們可以好好地回想一下，你身邊最要好的朋友，是不是都曾經吵過架？而且不只一次？那是因為我們勇於向對方表達：「我是誰」、「我想要什麼」，這期間還不能要脅對方，經過這樣反覆的衝突與磨合，才有可能讓彼此知道對方的底線，可以配合對方到什麼程度，即使價值觀與理念完全不同，只要我們懂得尊重對方，自然不會影響成為同儕、上下級或朋友關係。

1. **因為信任，所以欣賞；而非因為喜歡，所以信任**

陳政廷（Ben，《優勢創業》作者，遠流出版）是我多年來的工作夥伴，我跟 Ben 吵架的次數，早已記不清有多少次了。在 MBTI 的人格測試裡，我跟 Ben 恰好是兩個截然不同的類型：我內向、他外向；我感性、他理性；我實感、他直覺⋯，理應我們是八竿子打不著、毫無交集的兩人，但因為工作的關係，我們必須不斷地溝通。儘管這個過程裡衝突始終存在，但正因為我們彼此都勇於表達自己的想法，也積極傾聽對方的認知，從不撂下狠話、從不口出惡言、絕不藉勢藉端、也不威逼利誘。經過這麼多年後，我們迄今依然是亦師亦友的關係，那是因為我們都了解對方真實的想法與底線，也正因為有了這個磨合過程，我們才能夠在無數的合作案裡，一次又一次地順利完成任務而成就彼此。

在工作中，我們會不自覺地偏好想找自己喜歡的人，特別是管理者，在招募、相處乃至晉升時，內心往往會偏向屬意的人選而信任他，卻忘了應該是先相信他，才能懂得欣賞對方。如同這篇文章的標題－「兼聽則明，偏聽則蔽」，在工作中，優先要建立的是信賴關係，而不是滿足你個人的喜好。

勇往直前固然是好事，但不聽建言（或諫言），等同是一昧地踩油門開車而不踩煞車一樣，危機隨時會降臨；只想安穩工作而不願接受改變者，如同光踩煞車而不踩油門一般，車子只會停在原地不動；如果煞車油門同時踩，其結果不是引擎先報廢、就是煞車系統先壞掉。

所以當主管勇往直前時，部屬必須主動擔任起煞車的工作；當主管只想踩著煞車時，部屬也得適時地提醒主管該鬆開煞車、踩點油門了，這才是合理的組織運作，前提是這兩者之間的協同作用－「信賴關係」是否順暢。而信賴關係是一段漫長的磨合過程，我知道這實屬不易，但卻是組織賴以生存的優先法則。

2. 切忌功高震主、逾越分際

三國裡的楊修（也可稱為楊脩）機智過人、懂得察言觀色，操持內外之事，均能切合曹操心意。當時曹操正在攻打漢中的劉備，因久攻不下且糧草不足，萌生收兵的念頭，卻又擔心被劉備恥笑而遲遲不敢下令。某日夏侯惇請示夜間口令，正在吃雞肋的曹操便就說：「雞肋，雞肋」。楊修知道此事後說道：「雞肋食之無味，棄之可惜，魏王雖不言，不日內必然退兵。」於是眾將官便開始收拾行裝。當時曹操因夜不成眠，便起身巡視部隊時，發現大家都在收拾行囊，加上楊修先前已多次猜出曹操的心思而怒罵楊修擾亂軍心，最終處以斬首。

身為部屬，你得讓你的主管知道，自己只是想要貢獻專業，並沒有任何僭越的意圖。如果主管有足夠的雅量，我們便可以努力提供真實的專業意見；但倘若主管內心覺得不舒服，也請直接告訴我們，我們可以持續修正溝通方式，直到雙方磨合至最佳狀態；或是回到原點，從建立信任關係開始，這是一個非常必要的過程，因為建立信賴關係絕非一蹴可及的，然而要破壞它，卻是輕而易舉的事。

三 》更新你的人力資源政策

某年我在大陸深圳，與十三位日商華人一級管理幹部，進行了一場培訓。

當時我出了一道人才選擇題，大意是：

某科技公司的成長策略碰上了難關，不僅失去了大客戶，銷售成績也始終無法提振起來，銷售部門的領導人又即將退休，整個銷售團隊因此陣腳大亂。在這個關鍵時刻，是該選擇一個內部人緣很好、也曾成功帶領銷售團隊奠定過基礎，但個性稍嫌溫和、適合維持策略的人，還是從外部找一位勇於大刀闊斧變革，但個性躁進、脾氣很硬，可能會因此開除一堆員工的人來扭轉局面呢？

這個題目的核心，就是該選哪個人。兩人各有其優點，但也有其弱勢之處，在時間與董事會的雙重壓力下，該如何做出選擇。

這裡我們不糾結於是選 A 還是選 B，但現場有學員給出兩種很特別的答案：其中五位學員說兩個人都要，但這個案例明明是企業已身處存亡之際，還要聘請兩個人？難道沒考慮到資源有限、以及可能造成多頭馬車而導致領導權紛亂的問題嗎？

但最令我感到費解的是，有二位學員表示面試高階經理人茲事體大，必須謹慎處理，至少還得再面試二到三次以後，才能做出決定。這答案看似有理，其實說白了就是根本沒有做出任何決定。

當問題已兵臨城下、還不立即做出決定，是嫌時間太多嗎？多幾次面試，也許內部人還可以接受，但外部人哪來這麼多閒工夫陪你們玩？更可笑的是這兩位，竟然都是人力資源部地區分部的大主管！可見這兩人不是不敢扛責任，就是根本不具備人力資源的專業能力，連最基本的高階管理者面試原則都不懂，還想用傳統的面試方法來審視人才，我也真是無語了。

要知道人力資源部門本來就是在各種兩難的情境裡，不斷地設法取得平衡。一位高階主管（至少自詡是有能力的管理者），大多是很有個性的。根據這個案例的陳述，外部人才個性既然如此急躁，肯定是不願意被面試那麼多次的；而且同一時間，極可能有其他公司也正在延攬對方。如果因過度謹慎而導致延宕，使得其他公司捷足先登而錯失良機的話，這又該如何是好呢？

其實要面試高階經理人的方法，不僅簡單，效果還出奇的好：要求候選人，依據董事會所提出的條件，在維持原有組織制度的情況下，把現況與期望目標告知，在一定的期間內（如一周內），請候選人擬定一份行動方案，闡述自己在上任的三到六

個月內，預計推展哪些工作項目、設定怎樣的目標、行動計畫該如何執行、需要哪些支援、預計獲得哪些效益、可能存在哪些風險、該如何規避這些風險、…等，向董事會成員以及相關幹部進行簡報，並接受現場人員的質詢，這才是合理可行的高階主管面試法。

這裡提出幾項管理者對人力資源必修的技能：

1. 面試技巧

許多部門管理者存在著一種思維謬誤，就是認為人才招募與面試，是人力資源部門的責任，自己只需做為最終面試的拍板者即可。殊不知面試技巧也是需要累積經驗練習的，如果小看面試，那吃虧的肯定是自己。

這是一個不尊重面試官與應聘者的真實故事：

瑪格麗特（Margaret）是個很專業的人力資源工作者，雖然不是管理職，但早已具備管理者資格，面試成功率很高，也獨具慧眼。

因公司開設了新的工程部門，亟需增聘工程師，瑪格麗特陸續安排了幾名工程師的面談，這天開始了面試工作。

正當瑪格麗特面試一位頗有資歷的工程師、正在了解對方過往作品之際，工程部主管湯瑪士（Thomas）此時竟然不敲門、直接就打開了會議室的門，然後跟瑪格麗特說：「面試要快一點，別在一個人身上花那麼多的時間」，然後就關門離開了。

瑪格麗特此時一臉錯愕、遲遲沒能緩過神來，這位應聘者問道：「這位就是工程部主管嗎？」瑪格麗特回答：「是」，應聘者則是一臉嚴肅地說道：「如果這位就是我未來的上司，那很抱歉，儘管妳表現得很專業，開給我的薪資條件我也很滿意，但我是絕對不會讓這種人來擔任我的上司。」瑪格麗特只能尷尬地表示抱歉，但應聘者此時說的話，令瑪格麗特啞口無言：「我不知道這位工程部主管有多大的本事，但別忘了，我就在現場，他竟敢無視我的存在，還跟妳說了這麼不尊重你專業的話，工程部主管沒能通過我的面試」。

不具備人力資源專業、還不懂得尊重人，這絕對是管理者的大忌。要知道面試人絕不等同於工廠製造商品一樣，不是設定幾分鐘就得完成這麼簡單，畢竟人是可以假裝的，唯有透過足夠的時間與技巧，才能看穿對方真實的樣貌。

當你在面試對方時，對方也在面試你。

2. 發掘並培養高潛力人才，是未來的人才政策

企業組織因得到人才而成功，也因失去人才而失敗，這個道理大家都懂。但知道是一回事，能否做到卻又是另一回事了。

「我寧可親自面試五十個人後，一個都不用，也不願意任用錯誤的人」這是全球三大高階主管獵才公司－億康先達（Egon Zehnder）的資深顧問費羅迪（Claudio Fernández-Aráoz）所說過的一段話。

這也是我持續向管理者們喊話，務必謹記「**寧缺勿濫**」的理由。

當前企業正面臨著**全球化（globalization）、人口結構變化（demographics）以及領導人培育不足（leadership pipelines）**的三大挑戰，而未來的人才荒問題只會更趨嚴重。

根據一項針對全球超過一千名以上的企業高階管理者所進行的統計報告顯示，高達84％的主管坦承，公司沒有培育足夠的未來領導人，這勢必成為企業競爭力的隱患。

人才荒的惡化，加上日趨複雜又不確定的經營環境，代表企業已走到了新的轉折處。故企業的首要任務，就是得改變他們選才評估的新標準－「**潛力**」。

數千年前，從建造金字塔、萬里長城、作戰防禦、乃至於務農狩獵，大家都會挑選身強體壯之人，去從事這類工作，所以這一時期的選才標準是「體力」。

到了二十世紀，「智力」成為選才的主要標準，重視的是智商和經驗，故學歷成為用人的依據。這段期間許多工作都已走向標準化、專業化，過去經歷表現的良莠，是衡量未來績效指標的依據。故這個階段，我們大多會選擇最聰明的人。

到了九〇年代，「能力」（Competence）取代了智力。能力的意思是：與工作表現有關的態度、認知與個人特質。這是因為科技不斷地推陳出新、工作內容更也

趨複雜化與特殊性，這使得過去的經驗與表現，反而無用武之地。也就是，經驗愈多，愈有可能成為阻礙組織進步的元兇。

如今，我們正邁入人才的新階段－以「潛力」（Potential）做為選才的考量。

這是因為組織、市場、產品、客戶需求與工作型態等，都在持續地變動，我們無法精確地預測未來還會需要哪些能力。而「潛力」就是足以順應環境變化、讓自己持續勝任日趨複雜職務與角色的一種學習力與應變力。

企業徵選人才（特別是高階領導人與管理者）時，我們必須學習新知識、新技巧，才能因應瞬息萬變的經營環境。企業若想追求永續經營，那麼高階領導人的潛力，必然要大過於他曾經擁有過的能力與經歷，唯有如此企業才能因應各種意料之外的挑戰。

在透過全球超過兩萬名高階經理人訪談後所蒐集的資料，彙整出高潛力人才的五種特質：

(1) 使命感

這些人絕不把利己置於優先地位，而是具有強烈的內在動機－使命感，而「利他主義」也與使命感有其正相關之處。

自私之人，是絕對無法成為偉大的領導人。高潛力人才願意追求更宏大的目標，他們不會為了謀取私人利益而汲汲營營，所以我們總能在他們身上看到謙遜的態度，會為提升自我而持續努力。

(2) 學習力

他們堅信「唯有學到老，才有能力活到老」這個道理，故對於學習新經驗、新知識和新體驗總是不遺餘力、始終保持開放的胸襟而不恥下問。

(3) 觀察力與思考力

唯有透過不斷地觀察與思考，才能大量地蒐集訊息，發掘他人看不到的關聯或機會，而這正是創新與變革的契機。

(4) 影響力

真誠對待身邊的每個人，樂於與他人建立連結，即使不是位居高位、手握權力，但他們依然能善用情感和邏輯、交互運用理性與感性、有足夠的說服力來影響對方的行為與觀念。

(5) 堅持與決心

即使遭遇困難與挫折，他們也能從困局裡找到逆轉的方法。對目標有著無比的堅持與執著，且從不輕言放棄。

反觀我們多數的管理者與用人單位，卻仍停留在九〇年代「能力」階段的思維，甚至到現在還有許多單位，仍採用智力測驗的方式來找人才。

中階主管的斷層，是當前企業嚴峻異常的挑戰課題，管理能力的分佈有如 M 型化社會一樣的不平衡，是非常危險的訊號。試想再過五到十年、當高層管理者退位、

由潛力不足的中階幹部繼任之後，將會有什麼樣的危機
會發生？

發掘「潛力」人才，絕不能以經驗、知識、學歷與資歷
等作為衡量標準。若想要擺脫人才荒的困境，我們必須
改變舊有思維，以高潛力人才來取代能力掛帥的人才政
策，才有可能開創新局面。

3. 慣性思維，只會阻礙創新

在擔任講師及顧問的這段時期，每每與客戶訪談時，幾
乎我都會被問到一個問題：「老師，請問您有我們產業
的經驗嗎？」如果我說沒有，那我被對方刷掉的機率就
會大幅增加。

我曾問過為什麼希望我具備相同產業的經驗？對方給出
的理由幾乎都是一樣的：「因為我們希望老師能用你
豐富的經驗，而且是用與我們相同的語言來教導我們。」
這樣的思維方式是否正確，讓我們不妨先細細品味史蒂
芬‧科維（Stephe R. Covey）在他的著作《成功哪
有那麼難— 12 槓桿解決各種人生困境》（天下文化出
版）的這段話吧：「**如果兩個人的看法完全相同，那
麼其中一人必定是多餘的，因為這樣不會產生綜效。**」
我的恩師楊望遠老師擔任過許多不同行業的顧問，成就
了無數成績斐然的企業，業績成長三倍是最基本的起跳
數字。

有次我跟著楊老師進行提案訪談，看得出來會議中有好幾位高階管理者，對於楊老師並沒有該行業的經驗，帶著輕視的語氣質疑楊老師，當時的我還真替楊老師捏把冷汗，但楊老師卻氣定神閒的回答對方：「正因為我沒有你們的經驗，所以我才有資格擔任你們的顧問。」此刻的我跟對方都愣住了，實在無法理解這句話到底是什麼意思？但楊老師接下來的解釋，從此讓我知道顧問的使命與核心價值在哪裡：「我沒有你們行業的經驗，所以我不會陷入你們的知識盲區。你們會希望對方唯有比你們更強、更厲害，才有資格教導你們，是嗎？但正是這種狹隘的思考方式，才是成為阻礙創新、多元思考的元凶。」

楊老師當時立即舉了個例子：當主機板（Main Board）生產商進行品質檢驗時，對於無法正常運作的主機板，大多數的技術人員，都是一片一片、逐次排查問題來修復的，平均一小時只能修復一片主機板。可是這樣的維修方式根本毫無效率可言，所修復的主機板，也不足以支付一天的人工費用。

楊老師則是改變傳統思維，要求品管部門先統計前十大的故障位置，往後檢修主機板時，只需依照這十個項目逐次排查檢修，超過這十個項目以外的主機板，則直接放棄，如此便可在五分鐘內完成一張主機板的檢修作業。

然後公司再去追查這前十名的故障原因，到底是哪個環節出了問題，從源頭開始進行改善。如此便能有效地提升效率、降低不良率了。楊老師並沒有從事過主機板的經驗，但他卻能立即看出問題的癥結點，正是因為他並沒有被過多的經驗給束縛制約。

某電子零售商打算尋覓一位執行長（CEO），後來他們也確實找到了一位具有相關產業背景且資歷完整的人擔任此職，但卻仍因無法適應市場的劇烈變動，三年後便黯然退場了。

而拉丁美洲啤酒大廠昆莎（Quinsa）卻找來了一位完全沒有消費品背景或經驗的阿勒戈塔（Pedro Algorta）來擔任專業經理人，即使此舉遭到了家族成員的大力反對。但事實證明這個決策是正確的，阿勒戈塔很快地便晉升為公司高層，並成功推動昆莎從家族企業、轉型成為世界知名的大型集團。

我對此類事件的看法是：如果只是想找個專業職，那麼找個有經驗的想法並沒有什麼問題；但如果是想找個高階管理職來進行創新或變革的話，我個人也是絕對不建議從同業裡找，因為同質性太高了，所以盲點也會是相同的。

我忘記是哪位老師竟有如此的先見之明，但他說過的這段話，值得我們深思：「**近親繁殖，怎麼可能培育出好後代？**」

四》謹慎提防「八卦文化」對組織的傷害

2017 年，我在某外資上海分公司，出過這麼一道角色扮演題：

你是崑山分公司的銷售（Sales）部經理，下轄五位業務同仁。

史蒂芬（Steven）是你透過客戶關係應聘至單位的員工，迄今年資已超過三年。現正負責客戶與公司內部相關單位的聯繫，重點在產品設計與開發事宜。

史蒂芬剛報到公司時，是位認真負責的員工，尤其他擅長擔任人際關係的黏著劑，敦促彼此互動。正因如此，史蒂芬很順利地通過考核期，並接下銷售助理的工作，表現得有聲有色。

今年因公司新設了客戶服務部門，隸屬銷售部。但因為是剛成立的單位，一切得從頭開始，所以你請史蒂芬一個人先來負責這個單位，期望他能因優異的表現而獲得晉升機會。

這份工作平時都是史蒂芬使用電子郵件與互動軟件來聯繫公事的；如果有電話撥進來，大多也是來自外部客戶端，與其他同事的互動機會則變得很少，所以有時史蒂芬會在工作中，低頭看著手機、回訊息；開會時，也是眼睛盯著手機，而沒在做記錄。其實在你的個人理念裡，你是不太能接受這些行為的，但你也知道目前的客戶服務部門只有史蒂芬一位，的確也是滿無聊的，加上客戶服務有時還得傾聽客戶的

抱怨，看手機也有可能是在處理客戶端的問題，所以不能認定看手機的行為，就是在看私人訊息。

但最近有同仁開始抱怨史蒂芬：上班時看拍賣網頁、用公司列表機列印手遊攻略、使用電子書看小說…。但這些指控你並沒有親眼看見，也沒有任何具體證據，你也還沒找過史蒂芬確認此事。既然現在的孩子已生活在數位時代，那麼看看手機、玩玩手遊這種事總是難免。只要事態還在你可容許的範圍內，你是選擇採取放任員工偶爾放縱一下也無妨的開明做法。

但今天發生了一件事，你覺得自己得採取行動了：

你在開會後，因為銷售部門的事情太多，所以你請史蒂芬來你的辦公室，交辦他給發一份某項產品的合約書（包含數量與總金額）給 X 客戶，史蒂芬答應會立即處理。但就在午餐過後，你接到企劃部經理的來電，他告訴你史蒂芬所發的合約書，竟然是寄到了他的信箱裡，而且總金額還少打了一個零。

這可不是一件小事了。萬一這份合約書錯寄到其他客戶手上，那麼 X 公司的機密資料豈不就外洩了？總金額少個零更是大事中的大事，如果 X 公司真的收到這份合約書，那麼依據履約規定實施的話，損失將會有多麼龐大？

於是你打了通電話給史蒂芬，請他五分鐘後到你的辦公室來，你打算得跟他好好談談這件事情了…。

各位朋友，你會打算怎麼談？

跟我進行角色扮演的八位學員裡，只有一位把焦點放在少個零的錯誤上，其餘七人反而是糾結在史蒂芬是否有瀏覽購物網站、是否上班時看小說，卻把少了個零這件事給忽略了。甚至其中有一位學員，在只有十分鐘的演練裡，即使在部屬已數次否認的情況下，仍反覆確認了至少三次，到底史蒂芬有無在上班時間混水摸魚的情形。很難想像嗎？但這些都是真實發生過的。

這個案例有兩個核心：

一是對問題的缺乏求證，導致八卦耳語文化充斥公司內部，造成組織氛圍的低落。

二是搞錯處理事情的優先順序。

試想：如果財務部門發放薪資時，把你的收入少發了一個零，你的心裡做何感想？即使事後把短缺的薪資立即給你補上，儘管實質上你並沒有蒙受任何損失，但心裡總會感到有那麼一點不愉快吧？

少一個零這種低級、但極其嚴重的錯誤，絕不能讓部屬覺得無所謂。

身為管理者，你必須要讓部屬理解該失誤到底能引發多嚴重的後果。商業契約在法律上是具有效力的，當買賣契約一旦成立，那麼少個零的損失，可能相當可觀。

日本航空（JAL）在 2016 年 4 月 1 日，就曾發生過一次網路訂票的烏龍事件：到美國多個城市的機票，價格僅需新台幣五千元便可購得，此事隨即引發民眾的瘋狂搶購，直到次日早上七點才被發現，中午修復完畢。本次售出的機票能在一年內，自行選定欲到達美國的任何一州，原機票價值約新台幣七到八萬元左右，這個價差已有數十倍之多。如果你能把這樣的案例告訴史蒂芬，假設他是該網購的負責人，那麼因為少一個零所產生的損失，他能承擔得起嗎？

讓我們回到職場上最嚴重、但最常被忽略的八卦問題。

「八卦文化」對職場的影響

「有人就有是非、有是非就有八卦」，這是我們都知道的道理。

無論你是出於主動、還是被動，只要我們身在職場一天，我們或多或少都會接觸到「八卦」這檔子事。其實八卦並沒有什麼大不了的，重點是八卦的內容涉及到什麼？以及八卦的目的又是什麼？

倘若我們在職場上適度討論一些無傷大雅的八卦，或許可以視之為一種抒發工作壓力、增進同事間感情的調味料。然而惡意中傷、抹黑他人的負面八卦，小則打擊工作士氣，重則危害組織存亡。該如何因應八卦，是必須嚴肅面對且妥善因應的課題。

「八卦」一詞，多少給人一種負面的感受，那是因為我們把「話家常」、「交換情報」這類透過閒聊來增強彼此的信賴關係，與那些在職場上「未經當事人求證、背後道人是非、惡意中傷對方、散布不實消息」的八卦內容，給歸類成相同概念的事了。

所謂的閒聊與交換秘密，是人類社會建立信任關係的手段，如同猴群彼此理毛一樣，是一種取信行為，其目的是在於強化信任關係並產生歸屬感，是人類追求安全感的天性。

人類社會之所以必須形成，主要目的是為了能共同抵禦外部威脅。在惡劣的自然環境中生存，我們必須透過與他人合作，才能達成此一目的。但有合作關係的同時，我們彼此之間也存在著競爭關係，畢竟資源是有限的：窈窕淑女，君子好逑，你喜歡的對象，肯定也有別人喜歡，多人同時追求一人，這不就是一種競爭嗎？在這樣的條件下生活，我們的先人就會面臨許多社會問題：誰是盟友？誰是騙子？誰可能會在我們的背後插刀？誰能成為我的伴侶？誰能成為我工作上的助力？如何平衡工作盟友與家庭關係…等議題。

透過上述對社會環境的描述，我們就能明白：為何我們會對於交換私人訊息、窺探他人隱私，有著濃厚的興趣，這是因為我們都期望能獲得安全感、卻在同一時間害怕被團體排斥所導致。那些懂得運用人脈關係、掌握訊息的人，在社會上將更具有生存優勢。

如果你所談論的八卦，內容涉及你的同儕、上司或部屬的私事，那麼這種行為的本質，跟「出賣」沒有什麼兩樣。即便管理者手底下有位各個方面都表現傑出的部屬，但此人卻在道德層次上不具備正直、勇氣與無私這些領導者必備特質的話，那麼上位者絕對不應該考慮把他晉升為管理層。過度八卦、道人是非之人，在道德層次上，絕對不是個合格的領導者，因為他會在背後論他人是非，此舉不僅損害他人的名譽，同時也會傷及自身的信譽。

如果你與其他公司夥伴談論的內容範圍，僅限於你們彼此之間，交換的內容是彼此的興趣、嗜好、家庭、理想…等這類能讓彼此更了解、從而建立信賴關係的話題、甚至是塑造了一個能讓彼此勇於在對方面前說真話的情境，那麼這樣的八卦立意是良善的、也是利多的，這是讓組織的互動關係走入正向循環的必須過程。（請參考世古詞一的著作《對話的力量》）

但如果你們所討論的議題內容，已涉及侵害他人權益、或未經查證的捕風捉影、或惡意中傷他人名譽的謊言、或未經他人同意便隨意公開的隱私、或違背承諾將他人的秘密公開…等這種

明顯弊大於利、甚至是毫無好處可言的八卦，那麼上述這些行為，就是組織內部必須予以譴責並即時遏止的行為，這也是本文所要聚焦討論的「職場八卦」。

簡單說，**八卦能不能說，取決於內容是否符合基本道德規範與法律底線，是否違背誠信原則（例如已承諾過他人不可告知其他人的秘密），以及是否屬實。**

為何在組織裡，總存在有喜歡道人長短、論人是非的一群人呢？

各位應該也和我一樣，有過無數次在公共場合用餐時，不小心會聽到隔壁桌討論的內容，這些內容不是批評上司，就是他人隱私。我們對負面渲染的資訊會特別感興趣，所以負面評論與話題，總會出現在茶餘飯後的話題裡。

很多人總喜歡在諸多完美的事物裡，硬是要找出不完美之處，這也足以說明為何在網路上負面消息的點閱率，永遠比正向資訊的比例更高。在職場上如果能夠共同憎恨某個人的話，似乎就更能建立彼此的關係，彷彿透過抱怨與批評，我們才會在內心中感受到些許的平衡。

但無論你在職場上身處什麼位階或職務，請你務必要切記這個道理：「**因八卦而抱團取暖的群體，彼此之間是沒有信賴**

基礎可言的」，因為在八卦的過程，大家所談論的內容，都是他人的是非，卻沒有人敢跟其他人說出自己內心真實的感受或看法，因為大家都害怕這個團體會有人把自己的資訊給出賣了。所以看似這些團體關係牢不可破，其實說穿了，只不過是因短期利益而結合的利益關係罷了。

遏止八卦，從源頭管理開始

無論職場裡是明文規定、還是約定俗成，總有許多內容是不該被當成八卦話題的，如不該打聽其他同事的薪資、不過問女同事的年齡、不對他人的私生活好奇…等，這都是勸誡我們切勿隨意窺探他人隱私、介入對方生活的原則。

企業若想要導正這些不具善意的職場八卦族，那麼首先我們得認清這群人的真面目，以及他們的目的到底是什麼。

散播八卦者，有可能是內部同儕、部屬、同部門或跨部門的同仁，也有可能是外部的競爭者或離職員工。這些八卦或小道消息的目的，有一部份是他們自詡為團隊的核心份子，擁有一定程度的影響力，期望仰仗這些八卦內容，來達到鞏固自身的地位；而另一部份則是想透過不實言論，達到打擊對手、剷除異己或競爭者的目的。

只要我們無法掌握在組織內部哪些人是八卦散播中心，我們就無法從根本上解決這個問題。身為組織的領導者，你有責任與義務搞清楚到底是哪些人在內部或外部製造矛盾與負面八卦，以免傷害擴大，但最糟的情況就是：最高階領導者自身就是八卦的來源，那麼我會按照慣例建議大家：有多遠就逃多遠。

若要徹底剷除八卦文化，我們得先確認職場最常出現的四種八卦模式：

1. **隱匿資訊者：刻意隱瞞訊息，使自己從中獲利、或讓他人蒙受損失**

   這些八卦者可能會故意對你隱匿某些資訊。例如他們故意不告訴你某項工作已被取消，但你仍在繼續努力，結果讓你白忙一場；或是刻意變更時間，讓你無法按時繳交報告或完成某項交辦事項。對方是你的同事，你們一起製作某項針對客戶的企劃案，結果他故意告訴你錯誤的時間，導致你無法準時赴約，然後對方便拿著你的企劃案向客戶簡報，攔截你的勞動成果。

2. **傳聲筒：兩面手法，挑撥離間**

   這些人很喜歡轉述一些你不在場的事件，誘使你發表意見後，再把你所說過的話，擷取他們想要的內容，經過一番加油添醋後，再傳遞給其他人。

   在我擔任某公司的人力資源部經理時，銷售部經理約翰（John）對部門經常遲到的銷售員凱莉（Kelly）感到很頭疼，無論怎麼規勸，都無法讓凱莉改善遲到的情

況。於是約翰跑來問我該如何處理這種狀況，此時恰逢總經理正好坐在我的辦公桌前商討其他事，總經理聽後立即表示這事由他來處理，儘管我跟總經理表示此事是我的職責，但總經理體諒我的工作繁忙（當時我還兼任總務部與資訊部，所以工作量確實是有點多），總經理主動幫我承擔了這個工作，當時我還覺得總經理真是一位體恤員工的好主管。

然而次日總經理去找約翰，告知他凱莉之所以遲到，是因為她很討厭約翰實施的早會政策，所以她故意用遲到來表達抗議。總經理當時還向約翰表達不平之意，認為約翰努力想要提升銷售業績，所以要求業務員們來公司進行早操、喊口號以及精神訓話，為何凱莉不能理解約翰的用心良苦呢？約翰聽後感到很沮喪，所以約翰也跟總經理說了一些抱怨凱莉的話。沒想到總經理竟然跑去告訴凱莉約翰經理對她的不滿，結果因為兩邊傳話，搞得約翰與凱莉兩人的關係愈發緊張了起來。

後來我收到凱莉的離職申請，按照流程我必須與她進行離職面談。但深究其原因後，我發現了諸多疑點，最後我邀請約翰與凱莉，我們三個人一起進行了對談，才讓總經理這種兩邊傳話、導致誤會加深的行為得以曝光。

當時的我是真的跑去找總經理詢問此事，然而總經理只是顧左右而言他，彷彿想要輕輕帶過此事。

當時的我並不是很瞭解為何總經理要做出這樣的行為？隨著自己在職場上的經驗與眼界逐漸增加後，我發現確實有許多管理者，很喜歡使用這種類似恐怖平衡的做法

來分化員工，因為這類型的管理者，都不希望員工彼此之間的感情太好，以免自己成為部屬聯合對抗的目標，所以他們會刻意製造員工之間的彼此矛盾，以避免員工過於團結。這些管理者還以為這是一種領導統御的手法而感到自得意滿，殊不知此舉對於組織的團結毫無益處。這種兩面手法、搧風點火、挑撥離間的狀況，是所有組織與企業都必須全力遏止的。

日後如果有哪個人告訴你：「我聽說你的部屬對你的領導方式有所不滿」、「有人告訴我，你的工作能力並不匹配你的薪資。」等…這類的內容時，記得立即跟對方確認：「可以請您說清楚，是哪位講的嗎？」如果對方以保密為由拒絕透漏，你可以請他轉告對方請他來直接找你談。如果對方刻意迴避正面回答你的問題，那麼極有可能他自己就是謠言的來源。

3. 雙面人：人前一套，背後一套

這是我個人最厭惡的八卦型態：表面上跟你稱兄道弟，背後卻對你說三道四、指指點點；被抓到了還死不承認或裝無辜。

企管講師艾希莉（Ashley），透過我們的共同朋友，表達請我協助艾希莉的意願，直至艾希莉能在講師界立足。基於朋友情誼，我答應了，還是無償的。

一開始艾希莉也確實對我很好，在他人面前總會稱讚我是她最好的工作夥伴。為了能讓艾希莉能快速累積經

驗，我拜託某所與我關係還不錯的公務人員訓練中心，讓她承接原本屬於我的課程。但艾希莉上過兩次課程後，該訓練中心的承辦人打電話給我，表示艾希莉的上課有狀況：單向授課、課程毫無準備、總是信手拈來、老愛向學員自我吹噓…等不良行為。我知道這堂課還有一個梯次，所以我主動向艾希莉提出去旁聽的想法，一方面是確認該訓練承辦人的投訴是否屬實，另一方面我也希望能給艾希莉一些授課建議，期望未來的她能更上層樓。

事實正如該訓練中心的承辦人所言，艾希莉的授課問題很嚴重，想到哪就說到哪，毫無架構可言，內容明顯含金量不足，投影片也顯得雜亂無章。但我還是想給她留點面子，所以課後我只擇取了七項相對重要的改善建議，透過電子郵件寄給她。艾希莉也很快地回覆我，表達感謝之意，並承諾她會認真參考。當時我立即致電給她，稱讚她能保持謙卑之心，實在是很了不起。

然而事實是我太天真了。

幾個小時過後，我接到那位共同朋友來電，問我是說了什麼話，讓艾希莉整個人暴跳如雷？艾希莉跟這位我們的共同朋友，足足抱怨了我兩個多小時，艾希莉表示自己教學經驗超過了二十年，憑什麼我能批評她的授課手法？當下的我實在是不敢相信我所聽到的內容，這與我先前收到艾希莉的信件內容，明顯有很大的出入。

當天晚上，艾希莉的課程規劃師費歐娜（Fiona）想約我一起用餐（這位費歐娜也是我介紹給艾希莉的），恰好我也很想關心費歐娜的工作狀況，所以我們當天便約定一起用晚餐。飯後費歐娜主動告訴我艾希莉在收到我的郵件後，在辦公室裡大吼大叫，然後打電話給我們那位共同朋友繼續抱怨。接下來的內容，就跟前述的內容基本一致了。

隔天我進辦公室，直接找艾希莉求證此事。只見艾希莉先是愣了一下，然後開始閃爍其詞、不敢直視我的眼睛。在我持續的追問下，她表示那是她一時的衝動，其實她還是很感謝我的。然而當我確認所發生的事情均屬實之後，當下我便宣布結束與艾希莉的合作關係，因為她的這種八卦類型，正是「人前一套、背後一套」的經典之作。既然有所不滿，為何不找當事人直接表達、卻選擇在背後搞這種手法呢？

壞人並不可怕，但最可怕的就是這種表面掏心掏肺、背後算計之人。表裡不一的人，令人防不勝防，所以千萬要敬而遠之。

我知道有部份的人可能會辯解說：之所以不敢跟當事人提起自己的不滿，是怕得罪對方，但心中有氣是事實，所以非得找其他人來講，以解心頭之恨。

我的反駁很簡單：起心動念若是不想得罪當事人，那麼跟其他人說三道四，然後這事輾轉多人後再折返給當事人知道，就不會得罪對方了嗎？我敢保證這樣的傷害更大，那這就不符合當初的起心動念了，不是嗎？

4. 拉幫結派：搞小團體與派系

不良八卦文化的終極型態，就是在組織內部搞出許多小團體。這些小團體在公司看似一切正常，然而實質上他們都有一個共同的特徵：「**這些員工可能對主管或公司有所不滿，卻從不循正常管道反映，而是私下聚會抱怨；情況嚴重者，還會透過散佈不實言論，來扭曲其他同事的認知，誘使他們對上級心生怨恨，甚至是與公司對抗。**」

這些小團體一旦在公司內部形成勢力，就很容易發展成為謠言製造中心。

奇異（GE）前總裁傑克‧威爾許（Jack Welch）就曾說過這麼一個故事：他有位女性友人，在某家持續成長、體質堪稱不錯的公司裡，管理一個六十人的單位。但因該公司是家族企業，所以組織為了維持和諧氣氛，能忍受績效表現平庸的員工繼續留任，所以每年的績效考核只是徒具形式、無法依據員工真實的貢獻來論功行賞。

這位女性友人在升任該單位的主管時發現，某位資深幹部查理（Charlie）始終無法達成績效目標，只因仗著自己年資夠久，在公司內部有一定的影響力，所以很喜歡挑戰新主管的權威。查理最愛的八卦方式，就是站在走廊上發表負面評論，並語帶嘲諷說給同事們聽。

查理的績效其實並不是很差，但也算不上高績效。該女性主管不只一次語帶善意地找查理懇談，卻總被他蒙混

過去。直至有次某個重要客戶打電話來抱怨，原本應按時送達的貨品，卻足足延遲了一周後才到。該女性主管決定召開一場懲處會議。然而查理卻在會議上大發雷霆地嘶吼道：「妳憑什麼懲處我？妳瘋了嗎？」然後撂下一句：「妳會為此事付出代價的！」便甩門離開了。

查理立即召集與他最親信的八人開會，不僅數落該女性主管的種種不是，還打算醞釀一場抵制活動。公司裡有許多員工，都覺得查理受到了不公平待遇，漸漸地導致該公司所有人都不再信任該女性主管，於是生產力滑落、組織氣氛降至冰點。所幸該公司最終還是做出了正確決定－辭退查理。然而等到公司回復平靜、重拾士氣時，已經是三個月之後的事了。

這個案例正說明了個人會為了私利而搞派系，並產生與公司對抗的「負面意見領袖」，對組織而言，這些員工根本就是負債而非資產。影響力確實是領導者應該具備的特質之一，然而若無法將影響力發揮在正向積極的事物上，而是用在負面情緒的話，那麼其後續的負面影響將難以估量了。

這種為一己之私而刻意引起團體成員對公司或主管產生負面情緒的小團體，勢必會成為組織裡的一大隱患。倘若組織無法抑制這些小團體的滋長，那麼這個組織終究會釀出大事的。組織如果不能正視這種事且謹慎因應的話，那麼其他員工就會在認知上，把這種聚眾行為與言論，視為是默許的行為。

很多企業內部都設有各種社團：籃球鬥牛社、乒乓球社、桌球社、美術社、插花社…等，這類小團體都是有益身心健康的。然而前面提及的負面言論小團體，則是組織裡的隱形殺手，他們可能會跟剛進公司的新人攀關係，看似很像是前輩照顧新人，實則是在新人身旁耳邊，細數公司的種種不堪、抱怨上級的種種不是、動搖新人的內心，其結果就是新人留不住，老員工坐享漁翁之利。即便這些老員工再怎麼不成材、不長進，當考量到公司人力短缺時，只能繼續將就著讓這些老員工在公司裡繼續存在了，這便是這幫人的目的。

管理者該如何處理八卦？

1. **直面謠言出處，並向對方表明你已知道此事。**

   如果你是組織裡的謠言受害者，你也知道是誰散佈的，那麼請你勇敢地找他當面提問：「我聽說你對我的決策有意見，我能否當面跟你確認是否屬實？」

   假如對方矢口否認，此時你要非常堅定地看著對方：「真的嗎？那為什麼我聽到好幾個人告訴我，你對我的決策有那麼大的反應？」

   倘若對方仍堅稱不是他的話，此時你便可以順水推舟地說道：「我很高興親耳聽到這些話並不是出自你口中，謝謝你的坦承，很抱歉是我錯怪了你。」

   這個過程就是向八卦族正式宣戰：「我已知道了你們是誰。」

接下來的步驟才是關鍵所在：必須把你們這次的交談內容，製作成對話紀錄，然後你們雙方都得簽字，因為這可能成為日後作為績效考核的依據、甚至是澄清謠言的證據。然後繼續觀察一陣子，看看組織裡是否還有類似的流言蜚語繼續流竄中。

假如對方的行為仍未被有效遏止，那麼你就可以大方地向對方表明：「我現在已經可以確認此事就是你在背後搞的鬼。我要求你必須立即停止這種行為。如果你對我有任何意見，請直接來找我，而不是去到處放話，或是在你的小團體裡抱怨，否則我只能採取一切必要的手段來遏止這種事擴大。」記得跟前次一樣，把這次的談話內容作成紀錄，雙方都得簽名。

倘若還然無法改善的話，那麼你就只得採取殺雞儆猴的決策了，畢竟擒賊先擒王，只有真的被處置了，其他人就會知道你是在玩真的，否則職場的八卦只會愈演愈烈、永遠沒有消停的一天。

我親眼看過太多企業的高層，只因害怕把人開除後會影響自己的績效，或是害怕員工離職後惡搞公司而畏首畏尾、裹足不前，或是害怕找不到員工、導致績效下滑而不敢有任何作為，使得職場八卦小團體不減反增，搞得職場氣氛異常低迷、士氣不振，最終造成劣幣驅逐良幣的後果。這些小團體成員平時總是表現出上班時一副要死不活、簡報時有氣無力、看著時間彷彿度日如年的模樣；然而下班後他們卻是最生龍活虎的一群，罵起公司

及上級時，其言詞堪稱鏗鏘有力、振振有詞，試想，這種行為是專業工作者應該有的表現嗎？

2. **對「八卦霸凌」必須做到零容忍，且務必連根拔起。**

一旦職場八卦者手握權力，特別是前面提及的小團體，那麼這些人極有可能演變成為「職場霸凌」的推手。這幫人慣用不實言語來恐嚇、凌虐他人，或是利用自己建立起來的小團體，做為剷除異己的工具。

即使你的組織裡真的有某些才氣過人、能力出眾、是未來之星的人選，只要他們有前述的八卦現象，那麼身為領導者的你，就必須展現出鐵腕作風，勇敢地警告他們此事不可為的理由。否則等到這種小團體八卦文化在組織內已形成勢力後，此時再想消滅他們，那可就難上加難了。任何疾病，只要能早期發現，就能早期治療。癌細胞在初期階段，可以通過手術或化療等手段便可治癒；但若等到癌細胞進入末期時，我們大概只能祝福對方一路好走了。

身為管理者，我們絕對不能因為害怕得罪他人、或在自己任內不打算處理，以免影響自身績效考評，致使這種八卦霸凌者在組織內部有生存發展空間。我們必須意識到團隊內部是絕不能、也不該容許思想負面、自私自利以及態度惡劣的員工，獲取任何地位與權力，因為這些問題最終會如同病毒般在職場裡擴散，直至滲透至各個階層、破壞原本正常的組織運作。

管理科學教授羅伯・蘇頓（Robert I. Sutton）曾在史丹佛大學系所發表了一套「拒絕混蛋守則」（No asshole rule），這是他以實證來分析「混蛋」對職場帶來的影響，這些混蛋透過心理虐待、霸凌以及排擠手段，將對組織造成四大損害：

(1) 人事流動成本增加。

(2) 曠職或請假增加。

(3) 對工作投入度降低所導致的注意力不集中。

(4) 工作績效表現不佳。

長年在顧問界觀察企業，只要公司內部出現了上述的四個現象，我幾乎可以百分之百地斷言，這與職場八卦有著絕對的關聯性。

我們對於自私自利、充滿負面能量以及態度惡劣的員工，公司管理階層必須當機立斷、採取強硬手段，將他們全數剷除或扼殺在搖籃裡。倘若放縱這些人繼續待在企業內，那麼他們終將成為企業文化的一部份，因為當某些行為被容忍了，就意味著該企業認可這種行為，**畢竟部屬所相信的領導者，並不是他們說了些什麼，而是做了些什麼。**

然而令我們感到遺憾的，是這些職場八卦霸凌者，往往都是組織內部握有權力的上位者。如果八卦者就是公司高層，而你卻無力抵抗的話，那我會建議你儘早離職吧！因為終究這些高層會把自己的公司玩死的。

3. 「假話好聽，真話難得」，管理者應創造讓員工可以說
真話的環境。

其實我們都很清楚，辦公室裡八卦的內容，大多數都是
針對上層管理者的，這是因為部屬往往對於上級的某些
決策、或是某些行為有意見、卻在提出後遭到上級的否
定、打壓、甚至可能被上級挾怨報復，使得員工內心有
怨氣無處發洩，只得把這些原本可能立意良善的建議，
轉變為負面情緒的抱怨而藏於組織暗處。

所以管理者必須創造一個能令部屬感到安心的工作環
境，讓員工知道任何事情，都可以直接跟上級求證或反
應。上級則要以身作則，樂意接納員工的意見或建議，
即使你並不同意他們的想法，你也要不厭其煩地為部屬
解釋理由，期望部屬能了解。當真話能被勇敢提出而不
會受到任何不良後果時，那麼該企業的職場氛圍自然就
能轉為正向積極。

歷史上勇於直言的忠臣不勝枚舉，因聽信讒言而亡國的
事件也不在少數。我個人則最喜歡引用魏徵的例子：

當魏徵過世後，唐太宗說了以下這段永垂青史的名言：
**「以銅為鏡，可以正衣冠；以人為鏡，可以明得失；以
史為鏡，可以知興替。」** 而今我失去了一面鏡子。

魏徵能直率地向唐太宗提任何建議，不必擔心會有任何
不良後果，唐太宗自然就能聽到最真實的意見。所以當
時唐朝的經濟繁榮、政治清明、國力昌盛、社會安定，
肯定是必然的結果。

創造可以說真話的職場文化，是管理者一輩子努力的目標。身為管理者必須要深刻的體認到，能在職場上勇於說真話、敢批評的員工（這與大放厥詞、情緒不穩、出言不遜…等，是完全不同的概念），是多麼難能可貴的存在，我們必須珍惜他們。「好聽的話」人人愛聽，但它不等於「真實的話」，我們要知道職場上總有人會為了討上級歡心，盡說些對方喜歡聽的假話來取悅對方、甚至是獲取權力。但隨著時間的推移，終究會暴露這些話的真偽。所以我們要時刻警惕自己，八卦文化之所以會產生，始作俑者極有可能就是因為管理者本身不愛聽真話所導致的。

個人在職場裡，又該如何面對八卦？

辦公室裡有派系，有背後道人是非的碎嘴子，有拉幫結派的小團體，有雙面人，有包打聽…這些事在職場上，是一種無法避免的存在。如果組織當權者不能有效地處理這些問題，那麼至少你必須懂得自保之道。

1. **對於八卦，彷彿船過水無痕一般，聽聽就好。**

   芝麻綠豆般的八卦事，建議你不要把它當回事，如同船過水無痕一般，聽聽就算了，否則當你記住了卻又憋著不能說，那可真是痛苦啊！

2. **別讓八卦話題有升溫的機會。**

職場八卦很難避免，但只要你沒有進一步提供可讓八卦者發揮的空間，對方就會覺得跟你講八卦很沒意思，以後就不會想找你了。

如果當下場面真的讓你感覺很尷尬，請儘快找個理由離開，如：「我突然想起來了，主管要我趕一份報告給他，我先去忙了。」、「唉啊，昨天吃壞肚子，我先去一趟洗手間。」找個台階走為上策，別讓自己陷入八卦漩渦裡。

3. **提防有心人，把你的建議與提醒給利用了。**

有些八卦者是想拉幫結派，有些八卦者是雙面人，向你示好只是為了套情報，然後在這些資訊的基礎上加油添醋，再加以宣揚。所以如果你想要發表任何評論時，最好先確認一下對方是誰。

4. **聽到自己的八卦，要秉持「有則改之，無則加勉」的原則面對。**

在職場上，幾乎所有人都期待被大家所喜歡。但其實我們自己心裡都明白，我們不可能做到凡事面面俱到，無論你做任何事，總會有人覺得你做得還不夠好。所以我善意的提醒各位：我們可以求好，但不能隨意討好，你得知道自己是誰、為何而做，過度在意他人的評價，是很容易迷失自我的。

如果你聽到有關於自己的負面批評，但內容卻是有建設性的，那我們就只需要把焦點放在事實本身，而不是那些情緒性或批判性的字眼就好。

對於毫無建設性的流言蜚語，無論你再怎麼解釋，也堵不住對方的嘴，更無法改變對方的看法與觀點。但你可以決定跟對方保持怎樣的關係及距離，該做出怎樣的反應。你反應愈大，八卦者就愈愛議論；你愈是冷靜，表現出一副「泰山崩於前而色不變，麋鹿興於左而目不瞬」這種淡然的態度，對方反而會覺得很無趣而放棄對你的八卦。

5. **轉換主題，讓八卦變閒聊。**

我知道很多人為了能夠融入組織，會想方設法與同儕打成一片而加入八卦團體，討論並分享著同事或領導的「秘密」之後，然後補上一句經典台詞：「千萬別說出去喔」。但這個世界上沒有不透風的牆，愈是不想讓別人知道的祕密，只要有人說，就會有人流傳下去！

其實融入人群不一定非得靠八卦。我們可以把話題適時地轉向貼近生活的雜事，如：哪家餐廳的什麼菜很好吃、推薦哪間糕點店的什麼甜品值得嚐嚐、辦公室旁的巷子裡最近開了一間新咖啡店、對面的百貨打折…等等，這種生活化的話題不僅安全，還能熱絡氣氛。

6. **將負面八卦，轉換為正面八卦。**

如果真的很想八卦的話，那我會建議永遠只說正面的八卦，讓這種正面八卦繞個彎去誇獎別人，這也是一種

職場高情商的表現。這種人總以大局為重、不愛說三道四、不夾帶私人恩怨去詆毀他人、即便被嘲笑了也不以為意、還樂於嘲弄自己的缺點，最終這種人肯定能在組織裡，贏得他人的敬重。

如果我們對某位同事的表現感到欣賞或欽佩的話，不妨把這種情緒，轉換成八卦信息給散播出去。當這些讚美傳到當事人耳中，你肯定更容易獲得他的好感。我認為**唯一可以八卦的負面訊息，就是說自己的秘密，**反正自娛娛人，讓大家開心一下又何妨？

辦公室裡的永遠都存在著八卦。當工作感到枯燥乏味時，人們總是不由自主地會興起八卦的念頭。好的八卦可以讓你贏得人脈，甚至是上級的重視；但倘若八卦的尺度拿捏不好，就極有可能讓你自己賠了夫人又折兵。**沒有一間企業或一個組織是靠八卦來提升競爭力的，更不是用八卦來凝聚向心力的。**

與其有時間去進行毫無意義的八卦，何不把這些時間用來提升自己的工作實力？或是利用雜談閒聊來促進彼此的人際關係？千萬別讓負面八卦浪費了你的生命、精力與時間，更別讓無意義的八卦成為你在職場上的負債。

現在開始佈局，
將來大利多

面對不確定的未來與劇變的經營環境
我們若能先行掌握這三項重點並開始佈局，絕對能讓您立
於不敗之地

一 》 當員工不願意更努力於工作時，如何克服人才荒？

為何如今僅剩 9% 的員工，願意晉升為管理者？

波士頓顧問集團（Boston Consulting Group，簡稱 BCG）
針對美國、英國、法國、德國與中國共計五千名職場工作者進
行了調查，並於 2019 年發表結果。很難想像在未來的五到十
年、期望晉升成為管理職的員工，竟然僅剩下區區的 9% 而已。
這代表優秀員工獲得升遷、鼓勵員工努力晉升至管理職的傳統
思維，已經出現了質變。

然而這股「反升遷」的浪潮其實早已醞釀許久。日劇《我要準時下班》裡，有段知名金句：「我不打算比現在更努力，享受生活遠比升遷更重要！」員工開始不願意在工作中更加努力，只為了不影響自身的生活品質，這使得企業高層不得不開始正視這個議題，然而迄今仍未能提出有效的解決方案。

為何部屬不想當主管？

超過八成以上的現職管理者們一致認為：管理這個職位，比起以前的難度更加艱鉅許多。不僅壓力與工作量都變得無比沉重，公司能給予的支援與資源也相對更少，個人動機正因遭到組織內各式各樣的狀況給消磨殆盡了。

之所以部屬對管理職抱持著如此悲觀的態度，主要原因有四：

1. **受科技影響**

   為因應疫情，當今視訊會議的技術，已足夠因應遠距視訊，甚至已經有某些企業開始讓員工可以選擇一天在家辦公（work from home，簡稱 WFH）；AI 技術的興起，勢必會在將來取代更多的人力；曾經佔用管理者大量時間用以監督以及發號施令的工作，也逐漸可以被平台系統所替代，未來組織內的從屬關係與權力系統，肯定會更趨模糊。

2. 職場氣氛的改變

許多年輕人喜歡把管理者定義為：「只懂得出一張嘴」的角色，對此相當不以為然、嗤之以鼻。所以他們寧願選擇精進自己的專業技術，把重心放在如何把自己份內的工作做好即可。

3. 管理者當下的窘境

基層員工在組織裡，最常看到的管理者（特別是上有高階、下有部屬的三明治型中階管理層）的現況是：工作時間更長，福利待遇卻沒增加多少，還經常被顧客修理、被高層數落，毫無尊嚴與地位可言。把這一切都看在眼裡的部屬們會覺得與其出賣個人尊嚴，才能多賺那麼一點點領導加給，倒不如把更多的時間留給自己，去提升個人的生活品質還比較實在。

4. 貓型員工的崛起

2008 年的不景氣，使得全球開始承受「預期過度的經濟成長」所帶來的不良影響。那些隨著組織成長而被綁定的價值觀，也被迫必須進行調整，於是「貓型員工」便在這樣的環境下孕育而生。

何謂貓型員工？

所謂的「貓型員工」，與我們過去職場上所崇尚的「犬馬精神」，是截然不同的價值觀。現今的管理者，必須先理

解貓型員工的核心價值與內心想法，否則未來在組織裡勢必會與他們發生不必要的衝突與對立，而這對於職場氣氛與團結，肯定是弊大於利的。

貓型員工的核心價值，有以下幾項特點：

1. **他們不願接受「犧牲小我、完成大我」的理念。**

   對於貓型員工而言，他們認為「生為公司人，死為公司魂」這樣的想法早已過時了。

   所以千萬別強迫貓型員工去接受「捨己奉公」、「大公無私」這類的價值觀，更不要在他們面前使用：「為了公司，我們要努力」這種賦予動機的激勵手法，這種做法對他們而言，是很可笑的。

2. **「出人頭地」，不再是他們人生的首要目標。**

   如果我們認定貓型員工只是一群扶不起的阿斗，那就大錯特錯了。只要他們心存目標與使命感的話，貓型員工依然是一群勇於拚搏的鬥士；敦促他們努力奮鬥的動機，是因為他們很在乎「品質」這檔事：個人生活品質、辦公環境品質、人際關係品質以及身心健康品質，他們不希望因過度投入工作，而犧牲了前面四項品質。

3. **期望在自己的擅長領域裡，成為一流的人才。**

   貓型員工很在意目前所從事的工作，能對鍛鍊自身的專業技能有正面的助益。他們唯有在「自己能夠做得

到」的前提下，才會樂於接受該項任務。所以如果不能讓貓型員工在承接新任務之前，給予他們教導、或是強迫他們去從事不感興趣的工作的話，那極有可能會導致他們從此變得消極，甚至選擇離開。

簡言之，貓型員工距離「忠誠」與「升遷」這兩件事，早已相距甚遠了。

現任的管理者早已被工作壓力搞得身心俱疲，而次一代的員工又無意接棒，那麼出現管理斷層，肯定就是意料之中的事了。但為了讓組織保持正常運行，管理幹部是絕對不可或缺的存在，那我們又該如何解決此一困境呢？

個人認為企業可以考慮採取以下兩種方案來擺脫人才荒：

1. **拋開傳統的線性管理職，新增專業職路徑。**

   企業的當務之急，是認清「基層→中堅幹部→高層」已不再是唯一的職涯發展路徑，而是可以從中區分出另一條發展支線：「專業技術職」。這是為了提供給想要深耕於專業技術、又沒興趣帶人的員工，另一條不同於管理職的發展仕途。

   我們常見的職稱，如「資深工程師」、「行銷部副總經理」…等，其實這些職位都是專業職，只是在華人世界裡，很容易跟現行的管理職產生混淆，導致權責不分、角色錯位。所謂的專業職，就是專司其技術的職位，千萬別把專業職當成管理職。

專業職雖然沒有帶領部屬，但他們依然能在組織內從事多項任務，如：內部講師、教練、專案經理…等。

2. **遊戲化管理，讓任務像遊戲通關、讓工作環境變得活潑。**

當今企業的成敗，取決於部屬們有多少意願與熱忱來參與工作。但要執行這項變革，我們得先正確地理解這個論點的由來：

美國第二大連鎖零售商目標百貨（Target Corporation），為何他們的收銀台效率，比起其他連鎖商店還快上了五到七倍？

這是因為目標百貨的執行長布萊恩（Brian C. Cornell）在考核系統裡，新增了一個「遊戲」項目：當員工在掃描商品時，會用三個英文字母，來顯示員工掃描的速度，且以百分比來統計結帳速度，而平均分數不低於八十二分方為合格。

原本以為這個制度會引起員工們的反彈，結果沒想到這種考核制度非但沒讓員工們感到壓力，反而提升了整體結帳成效，幾乎所有的收銀員都能順利達成目標。

將「遊戲化」這項元素融入單調乏味的機械化工作中，可以讓員工感受到工作的樂趣。有更多的員工並不是為了達成目標，而是想要超越自己、或與其他同事競技比賽，讓員工產生自主性的工作動力，樂於自發性的參與工作，這就是「遊戲化管理」。

微軟（Microsoft）、星巴克（Starbucks）這些大型企業，都是懂得運用遊戲化來提升員工績效、增強顧客忠誠度的知名企業。

《企業遊戲化》（作者蓋伯‧季徹曼 Gabe Zichermann & 喬瑟琳‧林德 Joselin Linder，美商麥格羅希爾國際股份有限公司台灣分公司出版）這本書的核心概念是：**真正的優勢，在於啟發相關人員的智慧、動機與參與熱忱，藉此才能達成績效目標，這就是遊戲化的概念**。

也就是說我們能夠藉由**「遊戲設計」（Game Design）、「忠誠方案」（Loyalty Program）以及「行為經濟學」（Mehavioral Economics）**這三種概念，來設計針對使用者（員工及顧客）提高注意力、強化參與熱忱並提升效益的遊戲化方案。

喜愛玩樂，是人類的天性。

如果想要激發上班族對工作的樂趣，首先管理者必須拋棄工作只是賺錢的工具、手段、責任…這樣的觀點，回歸到人性的本質，讓工作如同遊戲，才能讓員工感受到趣味，而不是只有壓力而已。

許多公司喜歡用「排名」的方式來激勵員工，但這種比賽方式肯定有其副作用，如：「前五名」，對於上榜的員工，當然是好事一椿，但是對於第六名呢？排名落後的人呢？反倒成為打擊士氣、使壓力倍增的原因也說不定。

其實排行的本意並無不好，但這種競爭方式不見得適用於所有公司，也不見得適用於所有工作者。

公司當然也可以設立「每月最佳員工」、「榮譽榜」之類的獎勵，但這也未必能起到激勵員工的功效，重要的是這種獎勵方式是否能讓員工感受到「榮譽」。

員工挑戰工作，不該只是為了討好上司、讓自己加薪、幫公司提升效率…這種過度簡化的動機，而是應該源於自主性的挑戰。而遊戲化管理則很容易激發起這種原始的動力。

網路零售業亞馬遜（Amazon）的執行長傑夫·貝佐斯（Jeff Bezos）有一套獨特的遊戲化管理：貝佐斯會用 Nike 的知名口號「Just Do It」來激勵員工；每當員工獲得某項成就、或解決某項困難時，可以獲得一隻穿過的中古 Nike 鞋，聽起來很奇怪，對嗎？但亞馬遜內部的員工竟然都會因拿到鞋子而感到驕傲，這是因為員工拿到的，不僅僅只是一隻穿過的舊鞋那麼簡單，而是其背後所代表的榮譽感。

各位能否想像一間僅有三十六坪大小的魚鋪，竟然也能賣到世界馳名、被各大媒體爭相報導、就連福特汽車也來取經嗎？美國西雅圖的派克魚鋪（Pike Place Market）還真的就做到了這一點。

《FISH！派克魚鋪奇蹟：一種激發士氣熱情的哲學》（FISH! A Remarkable Way to Boost Morale and Improve Results，Stephen Lundin、Harry Paul、

John Christensen 共同著作，三采出版）這本書就有對該魚鋪的詳細說明其經營理念與方式。

派克魚鋪老闆約翰‧橫山（John Yokoyama）是位願意站在「人」的角度，去關懷員工並激發員工熱情的經營者。他知道在魚市場的工作是非常辛苦的，所以他與夥伴一直在思考：如果能讓工作像「遊戲」一樣，是不是就不會那麼令人感到枯燥乏味了呢？於是他們創造了「丟魚秀」：客人買的魚在員工彼此之間、透過空中接力讓魚飛來飛去，還一起大聲重複叫喚著，場面既熱鬧又搞笑。該魚鋪的員工表示：工作想要有趣的秘訣，在於偶爾可以瘋瘋癲癲、可以跟顧客們開開玩笑、搞點新花樣，這樣顧客就會被我們影響而一起歡樂了。

如今派克魚鋪已成為西雅圖的知名觀光景點。

遊戲化管理的另一個核心，就是「**獨一無二**」。千萬不要看到貝佐斯送穿過的 Nike 鞋，你就照貓畫虎地抄襲這種獎勵制度；或是看到派克魚鋪在丟魚，你也在公司裡開始丟東西，很可能畫虎不成反類犬，別忘了貓型員工對網路訊息的掌握程度，遠比我們這些年紀稍長的管理者可要強太多了。

我曾聽過一則故事：

某工廠的食堂，是位於廠區旁的大禮堂，可同時容納全公司上百人共同坐在一起用餐，員工們拿著自助餐鐵盤排隊打飯，然後隨意找到座位後便可用餐，高

階管理幹部們則是坐在禮堂前的台上，可以俯瞰著大家。

某日中午時分，大家正在餐廳用餐時，此時工廠廠長走進禮堂、逕直走到年已七旬的老董事長身旁，在他耳邊低語了幾句後，老董事長此時突然站了起來，請求全體員工們先暫停用餐，他有事要向大家宣布。

當其他幹部為老董事長準備好了麥克風之後，老董事長對著大家說道：「剛剛廠長告訴我，我們的新進員工翔太（Shota）把我們公司數年來始終沒能修好的機台，竟然讓它恢復運轉了！」此刻全體的員工們竟然同時都爆發出了歡呼聲。

接著老董事長繼續說道：「這是我們公司創業時的第一部機台，是它讓我們公司有了今天的規模，我由衷地感謝它，將它一直保留迄今。我打算在我退休後，讓它成為我們工廠歷史館裡的展示品，提醒我們這部機台是我們公司的驕傲。沒想到今年剛報到的翔太，竟主動把它給修復了，這讓我的心情瞬間回憶起我剛創業時的熱情與激動，謝謝你，翔太！」然後老董事長對著翔太深深一鞠躬，現場掌聲如雷，翔太有點不好意思地站起來向大家鞠躬回禮。

當老董事長正想著該給翔太什麼樣的獎勵，此時他撇見餐盤裡的一根香蕉，於是老董事長請翔太上台，說道：「對於你的善舉，我理應給你更好的獎勵，然而突然之間我實在想不出來到底該送你什麼，所以請先

收下這根代表我謝意的香蕉，回頭我再想想該給你什麼獎勵吧！」然後翔太接下了香蕉，台下員工全體起立為翔太鼓掌，掌聲久久不能停歇。

照理來說，翔太確實可以獲得更好的獎勵才對。但有趣的是，從此這家公司的最高榮譽，就是站在大禮堂上、在眾人面前、接受一根來自高層頒發的香蕉，該獎項還被命名為「金蕉獎」，雖然並不是純金打造、而是可以吃的香蕉。

獨一無二的核心精神，並不在於實際的價格有多少，而是該獎項的背後被賦予了什麼樣的意義與價值，尤其是能與企業精神及理念相結合的那種，只要全體員工們能一致認同其價值，那就是最棒的獎勵。如同接受一份禮物，你喜歡的話，那它就是無價的；你若不喜歡的話，那它就只不過是一份論市值計算的東西罷了。

電影《高年級實習生》（The Intern，2015 年）裡，執行長茱兒（Jules）就因為班（Ben）這位老年實習生主動整理了雜亂的桌面而敲鐘，並當著眾人面前稱讚班的行為，這就是專屬於該公司的獨特獎勵方式。

真正能吸引員工的獎勵方式，是「贏」與「溫暖」的感覺。

既然是挑戰，那就得具備一定程度的難度才行。就像我們在玩某些遊戲時，總有一些隱藏關卡、特殊成就

或魔王…等，沒有困難度，那麼這個遊戲的挑戰過程就會如同嚼蠟般的索然無味；但難度太大、多次嘗試也無法達成時，反而只會帶來更強烈的挫敗感，這種平衡的拿捏，是管理者的責任。但是請各位管理者也不必過度擔心，因為遊戲化管理是可以與員工們共同商議、共同制定其規則的，管理者並不需要獨自一個人去構思，而且透過與部屬共同激盪的努力過程，說不定就是一場很棒的遊戲體驗。

當員工創造了多少價值、或是解決了某些難題，管理者再依據雙邊所設定的目標與標準，給予不同程度的獎勵，這樣才會讓員工感覺是依靠自己的實力而「贏」得這份殊榮。

如果是強迫中獎、或是齊頭式平等的人人有獎、或是獎項均等，那這對於員工而言，又有什麼榮譽感可言呢？

我個人也會送禮物給友人及工作夥伴，但每個人的資源都是有限的，如何實踐「禮輕人意重」呢？其核心就在於「溫度」。

我送書給對方時，會在書裡寫下對該人的箴言；我會親筆寫賀卡表達感謝或祝福；如果對方喜歡可愛小物的話，我會親手製作迷你屋或 Q 版公仔給對方，男性的話則是手辦、機車、科幻類或軍事類的模型，交情更好的朋友還附贈場景與壓克力展示盒；七夕

情人節，我會買小禮物分送給我常去的餐廳、美髮店、有長年交情的工作夥伴…，獎勵或激勵的方式並不在於禮品本身的價格有多麼貴重，只要是出於真心實意，對方肯定能感受到這份真誠的重量。

🎤 意猶未盡嗎？相關主題推薦聆聽這段專訪

CEO 研究生相談室｜相談室話題

EP27 看影片學管理

高年級實習生 ▶

https://www.youtube.com/
watch?v=79BGquuVzDM

二》如何解決管理斷層

我常聽到許多企業主與管理者向我抱怨三件事:「找不到人才、留不住人才、沒有接班人」。其實深究這些問題的核心很簡單,但想要解決則相當有難度,那就是管理梯隊出現了斷層。現有的管理者並不適格、卻仍充斥在各個部門裡,所以阻礙了組織的正常發展。

管理斷層用最簡單的解釋,就是企業內有某個階層的管理幹部嚴重缺人、或是缺乏適格的管理者。這種管理斷層,是一種潛在危機,如不積極處理,將導致企業體質孱弱而無力抵抗環境的變遷。

造成管理斷層的成因,一般來說有下列四項:

1. 企業當前的經營環境大好,所以此時把重心都放在如何發展眼前的業務,而無暇顧及管理幹部的培育;抑或是當企業面臨大壞的環境,此刻只能疲於奔命於如何生存下去而焦頭爛額,根本無力培養管理幹部。

2. 原有的管理團隊成員各個都努力於自身的工作,卻沒有擬定計畫,針對晉升至次一階段的管理職發展,做出超前佈署。

3. 高層不願授權,凡事親力親為,使得中階管理者沒機會站上指揮的第一線。

4. 管理者或領導人沒有耐心等待接班人的成長,也從不給予部屬們犯錯的機會,一心只想著要即戰力,缺人時就

只想著該如何從外部找人才，卻沒能從企業內部拔擢，缺乏培養接班人的遠見。

至於管理幹部自身缺乏系統化的思考方式、過度追求專業性、未能順利從專業職轉型為管理職、變革時管理幹部的更新停滯…等原因，則是屬於另一個層面的問題了。現在先讓我們聚焦在如何解決管理斷層此一議題吧！

1. 擬定並啟動「接班人」遴選與培育計畫。

   調查結果顯示，超過八成以上的企業正面臨著人才斷層的危機；「商業周刊」針對台灣一百大企業所進行的調查顯示，有超過七成以上的企業沒有接班人計畫。雖然我手邊僅能取得這些數據，但這與全世界當前的狀況相對照之下，情況也是大致相同的。

   企業欲培養一個稱職的接班人，至少得耗費五到十年的時間，所以企業接班人計畫絕對是刻不容緩的議題，企業主與管理者們都必須謹慎因應。

   綜觀世界級標竿企業，為了能讓接班人順利執行策略展開的變革管理，達成組織營運目標、傳承核心價值、組織文化…等，幾乎都有一套正式的接班人遴選與培育計畫，藉由接班人計畫留住關鍵人才，達到組織與員工雙贏的局面。這裡的接班人，雖然看似企業是高階領導幹部，其實放在各階層，也都是一體適用的。

   IBM，一直都是全球接班人計畫的標竿企業。

   IBM 的接班人計畫，稱之為「長板凳計畫」（Long Bench）。公司要求現任的中高階管理者，必須以開

放的態度，思考自己崗位上短、中期能由誰來接任，以確保現有崗位能有替補人員，並發掘出組織內部具備領導潛力的新秀。

IBM 將員工的基本能力，區分為九項：

(1) 適應力（Adaptability）。

(2) 自我驅策（Drive to achieve）。

(3) 創意解題（Creative problem-solving）。

(4) 值得信賴（Trustworthiness）。

(5) 團隊協作（Teamwork and collaboration）。

(6) 溝通能力（Communication）。

(7) 勇於負責（Take responsibility）。

(8) 客戶為尊（Client focus）。

(9) 工作熱忱（Passion for the business）。

台積電創辦人張忠謀於 2018 年 6 月在公開場合表示，他的遴選接班人條件有：誠信、正直、重諾、創新與贏得客戶信任等五項核心能力。從張忠謀所強調的接班人應具備的條件，轉換成從人力資源的角度來看的話，就是企業員工應具備的核心職能。

我們可以借鑑 IBM 的做法，從中擷取適合當下管理者可使用的四項關鍵行動因素：

第一階段：培養基礎管理能力。

第二階段：橫向輪調。

第三階段：實施績效導向的考核制度。

第四階段：將領導者個人的成功，拓展至整個團隊。

企業想要從接班人計畫獲得成功的話，就必須時刻掌握三個重點：先明確「關鍵職位」的任職標準，將關鍵行為予以明確化，白紙黑字寫清楚；然後進行候選人盤點，找出現況和職位需求之間的差距何在；最後一步就是確定如何培養和發展的計畫執行。

讓我舉個例子來說明上述的論點：

假如某企業認為「當責」（Accountability）是管理幹部的核心職能，那我們就得先把代表當責的行為予以明確化。在此由我野人獻曝，談談我對當責的理解。當責的關鍵行為指標有下：

A. 當面臨困難時，即使內心害怕也絕不逃避，同時還能激發部屬們的積極性，帶領大家共同完成目標。

B. 把事情做完、做對、做好，並持續提升標準，追求好上加好，並為「最終結果」，負「完全責任」。

C. 即便有「出乎意料、超出自己掌控範圍」的變數發生、導致成果無法達成或不如預期時，也絕不會擺出一副「自身責任已了」、「這並非我所能控制的」、「這些已經超出我的職權範圍」這種與我無關的態度，不僅能肩負起責任，也願意承認錯誤，誠實說明原因並提出合理的解釋後，依然持續地構思如何解決該問題。

D. 在問題解決與自我挑戰時，能展現出「捨我其誰」（Ownership）的積極態度。

E. 能獨立思考，即使未能獲得任何奧援或資源有限的情況下，也從不抱怨，凡事反求諸己，展現決心與毅力，獨立完成任務。

然後透過有效的評鑑方式，找出候選人當前的現況與上述的理想行為還有哪些地方有差距，以此為基礎展開一系列的培育計畫。經過一段時間後再來進行評鑑，以確認候選人的行為是否已獲得改善、改善幅度有多大。

2. 培育職務代理人，以防止人力產生缺口。

通常人力會發生缺口，大多是因為現職的重要幹部離職或退休，而離開後並沒有人能夠立即銜接起他的工作所引發的作業斷層。任何企業如果重視組織運作的風險平衡，就應當重視核心職務的代理人機制，並積極培養職務代理人，讓每一份工作，至少擁有兩個以上的人，知道該如何操作該職務的工作內容。

通常我會建議能列入管理職的儲備人才，至少應該都曾經擔任過工作指導員或導師，並且至少培育過三到五位以上的新人，也能對上級管理者的工作，能做到獨立作業，才算滿足升遷的條件。對於從未培育過新人、或擔任過職務代理的人選，我是絕對不建議拔擢該員升至經理級以上的位置，應該繼續把他放在儲備幹部階段，直到能符合上述的幾項標準為止，否則很多管理者會仗著年資來獲得晉升機會，而這與前面的接班人計劃，明顯違背其核心精神。

人力缺口是組織運作的風險之一，也是影響公司正常運作的危機，身為經營者與各個階層的管理幹部，務必從現在起，開始提前執行人力缺口的預防工作。

培育職務代理人，可讓現職幹部保持靈活的運用彈性，

例如企業規模需要擴大時，就可以隨時從內部找到合格
的幹部來執行，如同細胞分裂、複製般的運作；當某個
核心職位因意外、或疾病、或家人突發原因而無法工作
時，職務代理人就能夠立即承擔起工作而不至於讓任務
中斷；當某人需要休假時，職務代理人可讓該休假人得
以專心放鬆，不會在對方休假時還來打擾他。

我個人對於代理人特別有感：每次到企業進行培訓時，
總有好幾個學員都會打開筆記型電腦或時刻看著手機在
處理公務，甚至是被公司或客戶直接召回，根本無法專
心接受培訓，這就是缺失代理人制度的後遺症。

3. 以「領導力」＋「企業文化」，來實現變革。

自從中美貿易戰爆發後，使得許多企業經營者宛如回
到十多年前金融海嘯的憂慮，2019 年爆發的新冠肺炎
（COVID-19），更使得經濟雪上加霜。既然全球的經
濟活動暫時低靡不振，何不利用此次機會，主動在企業
內部推動文化變革與轉型呢？透過各項活動與培訓，讓
員工願意接受改變、甚至擁抱改變。改變雖然困難，但
現實裡仍不乏諸多成功的案例：

2010 年 2 月，被譽為日本經營之神的稻盛和夫，在
七十八歲高齡之際，接下拯救日本航空的重任。他從該
年的三月起，進行為期四個月的全公司溝通之旅，親自
與日航各地的第一線人員，進行面對面的溝通，期待透
過第一手資料，了解員工真實的想法並發掘公司現狀。
後來他發現日航當下最大的問題，在於內部充滿了不負

責任、官僚作風的高階主管，所以必須改變這些人的思維方式，讓他們成為具有責任感的領導者，重整日航才有可能成功。

以此為契機，自 2010 年 6 月開始，稻盛親自帶領首批約五十位日航主管，以一個月十七次的頻率，徹底進行「領導者教育」。在持續進行諸多的內部重要變革後，整個日航有如脫胎換骨般地煥然一新，僅僅兩年的時間，便讓日航再度獲利。稻盛和夫於 2016 年功成身退之際，日航從原先的負 1,208 日圓、到正 2,049 億日圓的驚人反轉，稻盛和夫確實把瀕臨倒閉的日本航空給成功挽救了。

徹底改變微軟內部文化的執行長納德拉（Satya Nadella），將組織從「狼性競爭文化」，轉型為「有團隊意識的協作文化」。

2014 年 2 月 4 日，納德拉（Satya Nadella）接任微軟（Micro Soft）公司的執行長，上任僅三年的時間，便讓公司的股價上漲 80%，並讓微軟重回頂尖企業的舞台。在納德拉出任執行長時，當時公司內部還充斥著勾心鬥角的惡性競爭文化。擔任微軟高階主管的歐布萊恩（Tim O'Brien）曾將這種公司文化，比喻為「狗咬狗」。

但在納德拉擔任執行長之後，歐布萊恩就說「管理混亂和勾心鬥角的現象正逐漸減少。員工之間也開始願意信任彼此、分享想法並展開真正的合作，他們不再只是想著競爭、績效與獎金而已。」

納德拉曾提到過：「我意識到我的工作是培育企業文化。如果不能專注於培育出讓員工盡心盡力的企業文化，那麼終究只會一事無成。」而他所謂的企業文化，其實就是大家所熟知的一些觀念：以團隊成果為優先、容錯的組織氛圍、透過學習與團隊協作來專注創新，僅此而已。

從上述的兩個案例來看，我們不難發現，當組織欲進行轉型時，真正需要改變的，就是「領導力」與「企業文化」這兩項。這裡之所以提到這點，也與當前我看到的諸多企業內部充斥著「八卦文化」、企業士氣低落的事件有感而發。

稻盛和夫所展現的領導力，是透過親自與員工溝通，讓全體日航員工相信他是玩真的，並邀請大家跟他一起重建日航，他承諾會親手剷除公司內部任何腐朽的角落。

而納德拉在微軟的領導風格，則與比爾·蓋茲（Bill Gates）是兩種截然不同的風格：他會把舞台讓出來給員工，並與員工一起思考如何讓公司可以變得更好，共同勾勒微軟的願景。其實組織在面對轉型與變革時，員工肯定會對未來的不確定性感到焦慮與不安，這是因為轉變的過程，會衍生出許多改變後的不確定性，等於所有人都必須被迫離開舒適區，這些不確定性將會加劇員工們的擔憂及恐懼。若長時間維持這種狀態，就會直接影響到執行力。因此組織在轉型時，就是每位領導者發揮領導力的最佳舞台。透過展現有效的領導力，以身作則，運用透明的溝通方式，讓全體同仁都清楚地明白

「目標為何」以及「為何而戰」，大家也才能知道變革是如何攸關自身及公司的未來。當員工都深切地理解「自己與老闆的未來都綁定在一起」時，哪有不肯拼命的道理？

「企業文化」的轉型，就是重新打造組織內部的DNA。因為變革與轉型，就是代表著全體員工都必須做出許多過去不曾做過、而且是更為艱困、甚至是連碰都不想碰的事。當員工帶著忐忑不安的情緒時，他們又如何能專注於當下的工作？但這就是為何納德拉在帶領微軟時，不斷地強調員工必須具有「One Team」的意識，透過有效的團隊協作，讓大家彼此緊密地連繫在一起，產生相互幫助的感受。即使你身處工作困難的狀態下，當你知道自己並不是一個人在孤軍奮戰、而是有人在背後支持你、絕不可能在你背後捅刀的話，任誰都會願意直面困難而奮力一搏的。

因此要進行組織轉型與變革時，必須先打造良好的企業文化，讓大家具有一致的行為準則與團隊意識。這就好比期望瘦身的人，就必須先養成健康的生活習慣、飲食方式與規律運動一樣，瘦身目標自然就會事半功倍。

發動變革，關鍵在於第一隻猴子。

1950 年，京都大學靈長類研究所的一群科學家們，以九州宮崎縣幸島上所居住的猴子當成研究對象。他們刻意放置一些蕃薯（某些文獻說是馬鈴薯）在島上，這些蕃薯是剛從土裡挖出來的，上面還包覆著泥土。猴子在吃番薯時，總會吃進這些土，猿猴們覺得味道不佳，所

以經常只是吃了一點便丟棄了。但到了 1953 年的某天，
事情出現了反轉：有一隻一歲半的母猴，在撿食蕃薯時，
先拿去河邊用水沖洗，洗後的蕃薯就變得美味了，而許
多猴子看到這隻母猴的行為後，便開始有樣學樣地跟著
做。到了 1957 年，二十隻猿猴當中，大約有十五隻，
都會將蕃薯放到河水中清洗後再食用。

然而研究人員此時還發現了另一個有趣的現象：十二歲
以上的公猴，則完全不受周遭猿猴的做法而改變，依然
不清洗蕃薯、直接拿起來就吃。這種現象與人類社會是
極其類似的，位居領導地位、年長的男性，通常都會抵
抗新潮流，而不願意改變既有的行為。

後來幸島的河水乾涸了，猴群們則改到海邊去沖洗蕃
薯。當牠們發現海水的鹽分能使番薯更加美味時，愈來
愈多的猿猴紛紛加入效仿的行列。

隨後研究人員還有更多的發現：猴群不僅是將蕃薯清洗
後再食用，還出現了洗一下、吃一口、洗一下、再吃一
口這種使蕃薯變得更美味的行為。

在自然環境中，猿猴之間是沒有具體的語言溝通，大多
是透過指示、傳達、模仿…等，因此清洗蕃薯的行為，
可能只是其他猿猴在模仿第一隻母猴的行為，最終才成
為猴群整體的習慣而已。

如果事情只是這樣的話，那麼幸島上猿猴們的行為，只
是透過彼此模仿的結果，其他區域的猿猴應該不會出現
同樣的行為才對。

然而事實並非如此。

正當在幸島懂得清洗蕃薯的猿猴數目在不斷增加的同時，其他區域的猿猴身上也發現了相同的行為。這些猴群生在幸島、也死在幸島，牠們沒有交通工具、也不會傳真、收發電子郵件、用簡訊及網路、更不可能游泳到遙遠的其他島嶼。然而在距離幸島二百公里遠的大分縣山上，科學家竟然發現這群猿猴也懂得用河水、用海水清洗蕃薯。看似沒有關聯的兩個地方，竟然都出現了相同的行為。更令人震驚的是高崎山以及其他列島、其他區域的猴群們，也同樣出現清洗蕃薯的這種行為，彷彿有股看不見的力量，在教導著牠們做一件相同的事。

於是便有人提出了這麼一個新論點：「**百匹猿猴效應**」。只要在小島上洗蕃薯的猴子數量超過一個臨界值之後，不僅會影響周遭的猴子採用同樣的行為，更會隔空傳到外地。而這個臨界值是以一百隻為界限，故稱之為「百匹猿猴效應」。

當某個團體，有著相同的信念或行為，那麼這股無形的力量，就會匯聚成一股很強大的磁場，可以跨越空間去影響其他地方。任何新的學習或改變，只要有人率先提出呼籲並採取行動，不畏艱難、不怕失敗並勇於嘗試，這個領先者便會起到示範作用，在無形中去影響他人。

日本管理大師船井幸雄曾說過：「**一件事情的擴展，只要一開始有 7%~11% 的員工能接受的話，就會有驚人的進展**」；而西方管理學者也有類似的論點，他們認為在推動變革的過程中，只要有超過 20% 的員工認同，領導者就可以大膽地推動變革。

要改善受固有經驗或先入為主觀念所影響的最好方法，就是常保好奇心及赤子心，即使遇到無法接受的事物，也得維持高度的興趣，去觀察、研究、認真理解，自然就能不斷地獲得新知識。

良知與技術，是企業成功與否的核心。

我常跟很多人說：「相由心生」，想要改善自己的面相，無需整形，只要經常笑臉迎人即可。常保笑容，自然就會逐漸形成自信的容貌，畢竟笑容是打開人心最佳的萬能鑰匙。

長久以來，我們幾乎都忘了「生命機能」的存在，特別是在近代，大家都以為有病就要到醫院接受治療，卻完全沒有想到自然療法或自體免疫系統的作用。過度重視治療更勝於預防的做法，只是無視自體免疫機制的問題。其實我們不必借重醫療及藥物的力量，人類與生俱來就擁有許多能力，能夠自己診斷、自己治療、自己淨化、自己再生、重新組織…等，能按照自體內部的規則，做出應有的判斷。

為了達到「期許未來、肯定過去、努力現在」的目標，我們就要勤於學習新知；想要成為百匹猿猴的發動者之一，吸收新知識，絕對是不可或缺的必要條件。

其實這個世界上的所有原理，都是很單純的。愈優秀的理論，往往都特別簡單。即使是極為複雜的整體，都可藉由單純的一部份，達到還原的目的。

歷史上有許多「百匹猿猴效應」提倡真理的人物，他們大多是實踐家或科學家，而不是只懂得批判的人，如同

現代的鍵盤俠一樣，罵起別人很用力、但內容卻毫無建設性可言，這是因為批評相較於實踐得透過身體力行、科學必須透過反覆實驗來驗證，要來得簡單太多了。

能自詡為「百匹猿猴效應」之一、為世界貢獻的人，大多是**「集結過去自己所了解的知識或情報，以極簡單且易懂的方式，傳授給更多的人」**，道理就是這麼簡單。

也許大家會認為在組織裡，自己只不過是個官輕勢微的角色，無力改變整體環境。但又有誰規定改變非得從上到下發動的呢？重點是你們願不願意、有沒有勇氣而已。只要眾志成城，豈有不成事的道理？這也是為何我不斷地跟管理者強調：**「文化，是改變企業或組織最有效的方法」**，如同西醫裡「自然療法」的論點，看似簡單卻極其有效，關鍵在於需要時間，因為西醫講求速效，而中醫則強調改善體質，兩者都是正確的，畢竟急症需要用猛藥；當企業發生重大危機時，速效自然是必要的手段之一；但追本溯源，如果體質孱弱，沒有自體免疫力，就只能依賴外界的治療方式來續命了。百匹猿猴效應，講究的就是如何透過量變以達到質變的目的，無論是採用中醫還是西醫，唯有「堅持」才能有效。

企業文化，是商場競爭的最終決勝點。

《西南航空－讓員工熱愛公司的瘋狂處方》（智庫文化），是我極力推薦大家閱讀的好書。儘管它年代久遠，但放在現代看來，依然是企業文化與變革的最佳典範。

西南航空（Southwest Airline Inc.）是 1971 年在德州達拉斯市上市的廉價小公司。但該公司能夠連續獲利四十六年，絕對是航空界裡的模範生。本書有許多可讓管理者與企業主借鑒之處，其中一項，就是「以人為本」的企業文化。

西南航空創辦人赫伯‧凱萊赫（Herb Kelleher）當聽到別人說到：「商業的本分，是商業」（The business of business is business），立即針對此一說法提出反駁道：「**商業的本分，是人**」（The business of business is people）。

這個理念無疑與絕大多數企業的「股東第一」論點大相逕庭。

凱萊赫認為只要企業能好好地對待員工，員工自然會好好地對待客人，客人自然就會不斷地回購，股東們自然就會獲利。所以凱萊赫堅持「商業的本分，是人」，而且必須落實到企業文化裡，才能成為獲勝的關鍵。

讓日本航空起死回生的稻盛和夫，他也是秉持著「敬天愛人」的理念，而造就了兩間世界五百強的企業（京瓷與 KDDI）。

以願景作為領導的核心，就是為了確保我們能時刻提醒自己「初衷」。

基於緬懷《黑豹》飾演者查德維克‧博斯曼（Chadwick Aaron Boseman）的私心，我引用《傳奇 42 號》（42，2013 年）這部電影裡的兩段情節，來說明願景領導的核心。

布魯克林道奇隊的老闆里奇（Rickey）先生在退休之際，不顧眾人反對，決心簽下第一位黑人球員，當時他說道:「我不知道這人是誰、他在哪裡、但他將會出現，黑人球員將改變大聯盟的歷史」。此番言論一出，大家都認為里奇先生一定是瘋了。

當時的非裔美國人若想要打棒球，絕對不可能進得了職棒大聯盟，他們只能待在黑人聯盟（Negro Leagues）。儘管在照明不足、設備簡陋的球場裡打球，黑人聯盟球員的實力，其實是不會輸給白人大聯盟的。的確，在當時並沒有任何一條法律，明確地指出黑人不能參加大聯盟，社會上也不存在「種族隔離」的法條，這是一種共同的默契與潛規則而已。但倘若違反了這種不成文規定的人，一定會遭到眾人排擠。即使林肯總統早已在1865年解放了黑奴，但在當時的美國社會，仍普遍對黑人存在歧見，尤其是南方最為嚴重。

杰基・羅賓森（Jack Roosevelt Robinson，簡稱 Jackie Robinson）靠著全額獎學金進入加州大學洛杉磯分校（UCLA）就讀，這就說明杰基曾與白人相處過、甚至是一起打過棒球；二次大戰時期曾擔任過陸軍軍官，戰後繼續效力於黑人聯盟國王隊。儘管杰基因為自己有著堅定的思想以及不服輸的脾氣，使得在多數人眼中，他是個勇敢做自己的麻煩鬼;但在里奇先生的眼中，他是能夠打破藩籬、進入大聯盟的第一人選。

當里奇先生初次見到杰基時，便告訴他未來白人將會如何對待他、批判他、會如何把種族歧視放大在黑人球員

的身上，里奇先生當時是直接演示給杰基看到的，這把杰基都給觸怒了。但里奇對著杰基說了這麼一段話：「我要有膽識、但不會反擊的球員，因為人們只會想盡辦法把你給激怒。一旦你反擊了，所有人就會把全部的過錯怪罪在你身上。當敵人大軍壓境時，一個人是無法獨自對抗群眾的，唯一的方法，就是展現你的勇氣，用球技使他們信服。只要我們向世界證明兩件事，我們就贏了：你是位有教養的紳士，你還是一位偉大的棒球球員…你能做到嗎？」杰基聽完後略微沉思了一會兒，然後他告訴里奇先生：「給我一件球衣、給我背號，我會讓你知道我有多麼地帶種」。杰基肯定知道當先河的第一人，勢必要面臨多麼嚴峻的險阻，但杰基依然選擇鼓起勇氣去承擔這一切。

這段成功激勵杰基的內容，正是願景領導的典範。別忘了，杰基這個人可沒那麼容易被馴服的，但就是這麼一段話，改變了杰基的一生。

經過杰基不斷地努力，終於在 1947 年 4 月 15 日，披上 42 號球衣、以一壘手的身分站上職棒大聯盟的舞台。在這個舉世矚目的職棒界打球，就意味著杰基的敵人將會更多。儘管杰基面對觀眾的叫囂已經比較能適應了，但對於裁判的不公、隊友的無視、對方投手惡意的挑釁（甚至是故意朝他頭上丟球）、對手教練的滿嘴胡話與仇恨…，任憑再堅強的人，也是難以承受之重。杰基再怎麼堅強，但他終究也是個人，面對這些侮辱，最終他崩潰了（所幸並不是在場上爆發，而是強忍著回到走廊

後，才怒吼痛哭失聲地摔斷球棒）。此時里奇先生展現出另一段精彩的願景領導。他對著杰基說：「當你進入職棒界時，你就無權拋棄支持你、相信你、尊敬你和需要你的人」。里奇先生以高明的同理心回應，讓杰基知道這些不合理的歧視，其實大家都看在眼裡，只是社會上有太多的人選擇冷眼旁觀，所以當你跳出來要與眾人為敵時，就代表著所有人都會把你視為攻擊對象。

2007 年 4 月 15 日，是杰基‧羅賓森在大聯盟出場六十週年的紀念日，從此每年的四月開賽，大聯盟球員都會換上 42 號球衣，以紀念杰基‧羅賓森的成就，而大聯盟球隊已將 42 號球衣永遠退役，提醒世人珍惜這個自由平等的年代，這就是願景所能帶來的改變力量。大家何不藉此機會，重新審視企業文化，進而變革、重塑新的企業文化，為我們的組織帶來新的氣象與契機呢？

4. 當發現部屬或基層管理者有問題時，千萬不要直接給答案

某次我替一家廠商講授有關「問題分析與解決」的課程時，儘管我分析了很多企業案例、使用了許多問題分析工具來解釋該如何運用時，你很難想像，學員裡的最高主管竟然在課程結束後向我提問道：「老師，請您告訴我們公司該怎麼做，才能突破現有的困境？」我聽完後差點沒原地升天，一整天的課，我算是對牛彈琴了，最高主管只想要聽到答案，而不是去學習如何透過自身的

思考與分析來找到解答。我並沒有要求學員必須舉一反三，但如果連舉一反一都做不到的話，那麼這家公司的前途，實在令人堪憂！

我認為這種現象，就是當前企業之所以沒有接班人的原因：**部屬只等著上級餵養答案，導致自己從不去思考該怎麼做。**

各位可知道當我們感冒時，千萬不要隨意服用藥物的原因嗎？

歐美國家在醫師診斷確認病徵是感冒時，幾乎是不開任何藥品的，而是叫病患回家多休息、多喝水。但在台灣，罹患感冒的民眾，還是慣性地去診所看病。即使症狀很輕微，醫生也會按照慣例給病患開藥打針，當然在服用藥物後確實能有效緩解病情，但其實我們早已知道感冒只需「多喝水、多休息」便可痊癒了，但為何我們仍習慣用藥呢？難道歐美醫師跟台灣醫師所學的內容不一樣嗎？

當醫師開藥給我們服用後痊癒，民眾就會認為是醫術高明、藥到病除，殊不知服用感冒藥一旦產生依賴，就會伴隨著抗藥性，這就代表服藥的劑量必須加大才會有感；而在我們服藥的同時，也是在削弱我們的自體免疫力。

發燒或疼痛，就是身體在提醒我們有哪個地方不對勁了，我們得先確認病源何在、何物造成，才能採取正確的治癒手段。但隨意地購買成藥來退燒止痛，卻是我們

最常見的手段；燒是退了、疼是沒了，但問題並沒有真正地被解決，只是把症狀給掩蓋下去罷了。

依賴藥物，不僅不「治病」，甚至可能「製病」或「致病」。

這跟部屬碰到問題時，習慣上搜尋網站找答案、或是找上級要答案，其道理都是一樣的。如果答案隨時有、隨處有，只會讓部屬養成不思考、不嘗試、凡事依賴他人的習慣，反正開口就有答案，這完全就是縱容部屬、導致他們無法學到何謂挫折忍受力的兇手。

正因為你對部屬的提問有求必應，所以是你親手扼殺了部屬獨立思考的能力。

要知道「挫折感」源於兩件事：一是問題解決不了，二是想要的東西得不到，我們不該讓部屬養成等待上級給予指示的習慣，如同不能寵溺孩子一樣：當孩子碰到困難時，父母就會出面幫他解決；孩子想買什麼，只要開口父母就會給；如果父母不從，孩子就會利用哭、鬧、吵、離家、自殘…等手段來逼迫父母屈服。等到我們把孩子教養成以自我為中心、自私、視付出為理所當然、不懂感恩、不思進取、只想靠爸媽的時候，我們就會明白「寵溺」的後果到底有多嚴重了。

我曾經多次問學員：「你們能容許部屬在同一件事情上，重複犯幾次錯誤？」三次，是我聽過最多的答案；嚴格一點的學員甚至連一次都不能接受；極少數的人還可以接受五次；但我從沒聽過有人可以忍受超過十次以上還不能改善的情況。

讓我把問題的內容稍微改變一下、然後再向大家提問：

(1)「如果犯錯的人是你，你會希望獲得他人的原諒嗎？」

(2)「如果在同一件事情上，你因為失誤、沒興趣、學不來、年紀大、反應慢，導致犯下兩次、甚至超過三次以上相同的錯誤時，此刻的你是否還會希望對方再給你機會呢？」

(3)「當你在相同的事情上連續犯下兩次錯誤，而你真的是無心之過。但此刻你的上司卻對你大肆撻伐、認定你就是朽木不可雕也、甚至還要辭退你，此時的你做何感想？」

我曾聽過這麼一則故事：

某公司的執行長，因搞砸了一個價值數百萬美元的合約，所以選擇向董事會提出引咎辭職的要求。

但是董事會卻對這位執行長說道：「開什麼玩笑，我們剛剛才為你花了幾百萬美金的培訓費呢！」

如果我是這位執行長，大概會為這家公司鞠躬盡瘁、死而後已吧！

員工的成長，是需要管理者給予機會的。尤其是發生錯誤時，管理者必須要有充分的耐心、等待他們從失敗裡重整心情並汲取經驗；如果你覺得員工有惰性，動不動就來找你要答案，請捫心自問，有沒有可能是你寵出來的？

強將底下無強將。

何以戰將型管理者身邊的部屬,大多沒有太多的實務經驗呢?因為這些管理者自己就把事情給做完了,部屬充其量只能在旁邊看著,根本輪不到部屬做,所以他們只是看到怎麼做,但至於該如何做,則是毫無經驗的。

畢竟經驗的累積需要時間與耐心,如果我們都能落實執行下列的建議,說不定管理斷層與草莓族的問題,早已被解決了:

(1) 當部屬正在解決問題的過程中,管理者頂多給予回饋或提醒,除非對方是完全新手、毫無經驗之人,否則要儘量避免一個口令、一個動作的指導方式,因為他們可能正處於知道怎麼做、但自信心或動機尚且不足的階段。

(2) 管理者並不需要事事都得證明比部屬強,只要管理者願意當部屬的靠山、多點耐心、允許他們在可控的範圍內,讓他們從錯誤中找答案,適時地從旁提點、引導部屬即可。就像學習騎腳踏車,只要後面的人不放手、或是不移除輔助輪、不肯讓對方摔過幾次,那這個人是永遠都學不會的。

(3) 當部屬能通過任務後,記得要逐步提升難度,以免造成對方的認知失調(俗話稱之為「自我感覺良好」)。就像孩子學會了騎腳踏車,那麼鼓勵他們是正確的;但過度的鼓勵,只會讓孩子覺得自己很了不起而開始膨脹起來。等到哪天孩子看到原來有人能夠放雙手騎腳踏車、騎單輪腳踏車、騎越野技術車…後,他們的自信心可是會瞬間崩塌的,因為

他們被你吹捧到自以為這個世界上只有他們是最厲害的、是獨一無二的。簡單說，這個階段是必須讓他們明白「人外有人、天外有天」這個道理而學會謙遜。與其被他人超越，不如自己先超越自己，這才是合理且具有彈性的領導方式。

如果你有孩子，而當他們出了社會，碰到管理者因缺乏耐心而責備孩子時，此時你的心中將做何感想？部屬的確不是你的孩子，但如果我們能多一點同理心、多一點耐心，那他們是不是在成長的路上就會相對更順遂些呢？至少我從沒見過哪個為人父母者，在教育自己的孩子從爬到學走路時，設定在幾次之內就必須成功的KPI，不是嗎？

🎤 意猶未盡嗎？相關主題推薦聆聽這段專訪

CEO 研究生相談室｜相談室話題

EP51 看影片學管理

傳奇 42 號 ▶

https://www.youtube.com/
watch?v=uhFKZsX9xTA&t=18s

三 » 資源不同，就該轉換不同的思維模式

我聽過太多的管理者向我抱怨人才難尋。但當我向他們詢問原因時，得到的理由竟然都是「預算不足、薪資水平比同行低、福利待遇不具吸引力、辦公室環境太差、公司知名度不夠」…等這些理由，卻沒有任何一個管理者去檢討自身的問題。我真想問問這些管理者們，既然公司的待遇這麼差，那為何你們還選擇待在這裡工作？你們真的是因為忠誠才選擇繼續留任？還是另有其他不可為外人所知的因素呢？

這讓我想起多年前我在企業管理顧問公司任職時，當楊望遠老師聽到學員提及「預算不足」時，他很喜歡用這段話來回應學員：「**既然沒有米，那就改吃麵啊！**」

我曾幫過一家美商公司的網路部門上過一堂「職涯規劃」的課程。在訪談階段我向承辦人請教，為何公司會想到為員工安排這樣的課程？他表示公司希望這些員工即使退休了，也能開展第二人生。我當時心想這家公司也太照顧員工了吧！因為幾乎沒有企業會為員工安排這種與技術及管理無關的通識課程，所以我便欣然答應了共計三個梯次的授課。

然而在第一場授課時，我始終感覺現場透露出一股很詭異的氣氛，學員們的表現，並沒有如承辦人所說得那麼期待本次學習。直到課程剩下最後的一個半小時，現場最高主管站起來向大家說道：「*是不是因為有我在，所以大家都不敢向老師提*

問啊？那我現在就離開，等等你們就可以大方地問，不需要有任何的顧慮。」接著他就真的收拾後走人了，我當時還有點錯愕、搞不清楚這到底是什麼情況時，沒想到學員就在該主管離開沒幾秒之後，立刻有人發難說：「老師，你有所不知啦！我們這個部門要被裁撤掉了，這三個梯次的學員，至少有三分之二的人要被裁員，只是現在名單還沒公布，所以我們才會如此心情低落！」

原來所謂的「職涯規劃」，是要我教導這些被裁撤者日後該何去何從啊！果然事實並沒有像承辦人所說得那樣美好。

三倍，是迫使我們必須改變思維的關鍵

如果你的上級要求你明年增加 5 ～ 10% 的業績（或績效），你覺得是否能做得到？

相信大多數的人都覺得應該可以達成，至於做法嘛！不外乎就是增加工作時間、或是提升工作效率這兩種方法。但問題是如果每年都增加 10%，那麼這種做法難道就不會造成彈性疲乏嗎？

讓我們提高一點標準。如果你的上級要求你明年增加 30% 的業績（或績效），這時你是否覺得還能做得到？

有難度了，對吧？但肯定還是有人能夠達成。但凡是成熟企業，能達成 30% 也是相當厲害的，因為這樣的目標已屬高標準了。

讓我們再次提高標準看看。如果你的上級要求你明年增加 300% 的業績（或績效），此刻的你還覺得能夠做得到嗎？

相信我能聽到的答案，應該都是一面倒的「不可能」，對吧？

之所以我們會認定不可能做得到，那是因為我們並沒有換個新思維，而是繼續使用舊方法、舊思維來看待問題，那當然是不可能達成目標的。

由布萊德・彼特（Brad Pitt）所主演的《魔球》（Money Ball，2011 年）是一部由真實事件改編的電影。講述美國職棒大聯盟奧克蘭運動家隊的總經理比利・比恩（Billy Beane，以下簡稱比利），如何採用前所未有的創新方式－運用大數據，以最少的預算、獲取最高效益的選才方式。

過去美國職棒大聯盟評估球員的方法，是由球探依靠傳統的選才指標，加上直覺與經驗所做出的決定，所以資金雄厚的球隊如：波士頓紅襪隊（Red Sox）、紐約洋基隊（Yankee）…等，都有充足的資源，可以用高價從其他球隊買走優秀的球員；然而小眾球隊，如：比利所在的奧克蘭運動家隊，當時該球隊

的薪資預算，只有區區的三千八百萬美元左右，跟土豪等級的洋基隊有一億二千萬美元的預算相比之下，肯定會在搶選手的戰爭中居於劣勢。比利嘗試過爭取更多預算，然而上級卻回覆他：「*我們沒有錢，也不用跟有錢的隊伍比…我希望你能接受預算不足的事實，以現有的資金，找到新球員。*」

然而這些球探們的選才方式依然保持不變，所以你看上的球員，別人肯定也喜歡，在簽約時當然占不到便宜。好不容易培育出來的優秀球員，還要面臨被挖角的風險，2001 年就有三位運動家隊的優秀球員被對手挖角成功。在這種不對等的競賽中，比利必須要思考**如何以有限的資源，才能將戰力最大化**。

在一次偶然機會，比利接觸到運用大數據評估球員的方式，簡言之，球員的薪資，就是購買球員贏球能力的成本。如果要讓成本效益最大化，就必須把錢花在與贏球相關的指標－「上壘率」，而不必把成本浪費在相對不重要的球員特質上，如：長相、表情、個頭、揮棒姿勢…等。因此比利可用相對較低的薪資，去簽下那些被忽略、被嚴重低估、但卻可能讓球隊贏球的球員。於是他賭上了自己的職涯，大膽地採用這種前無古人、後無來者的選才方式。

當新工具遇到舊領導時，唯有強大的管理能力與有效的溝通能力雙管齊下，才能成為扭轉局勢的關鍵。

為了徹底改變舊觀念，比利不惜開除了與他作對的首席選才教練；因總教練不願意配合這項新策略，導致運動家隊連吃敗仗，於是比利將總教練喜歡的球員，全數交易給了其他球隊，只留下新招聘的球員，這使得總教練只能按照比利的方式讓球員出賽。然而就是這些在他人眼中盡是瑕疵的球員們，竟然創下大聯盟二十連勝的紀錄，打破洋基隊維持半個世紀的十九連勝紀錄。這些在當時看似非常愚蠢的決定，卻一舉推翻了歷時一百五十年的職棒選才制度。

如果非得要手握足夠的資源才能做事的話，那麼為何資源如此稀缺的運動家隊，能超越預算高出三倍的洋基隊、創下二十連勝的紀錄呢？身為創業家與管理者的我們，沒有理由把失敗的責任，歸咎於資源或預算不足。如何在有限的資源裡，發揮無限的想像，這才是管理者的核心職責。

當問題看似無解時，記得改變問題的型態。

草船借箭，是三國赤壁之戰裡為人津津樂道的故事之一。當周瑜要求諸葛亮於十天內造出十萬支箭時，諸葛亮機敏地識破這是周瑜打算加害自己的詭計，但諸葛亮竟然說只需三天便可交出十萬支箭。

如果我們糾結於「造」十萬支箭，那把十天縮短為三天，根本就是自尋死路，但諸葛亮很聰明地將「造」改為「借」，於是便用了二十艘草船，向曹營借來了十萬支箭而達成目標。

當新冠疫情爆發時，許多科技公司對於銷售量大幅下滑感到困擾，紛紛祭出各式各樣的手段以期「提升銷售量」，但此時需求已明顯下降，此時無論使用哪些方法，其效果當然也是有限的。此時我們應該反過來問「提升銷售量」的目的是什麼？我相信最終是為了「獲利」。那既然目標是為了獲利，「節約成本」也是能達成獲利目標的方法之一啊！「提升效能與效率」，不正是此時最有效的方法嗎？別忘了每降低 10% 的成本，利潤就有可能增加 20%、甚至更多，所以可別忽視降低成本所能帶來的效益。

但這裡一定要提醒所有管理者的是：無論如何節約成本，「品牌與品質」、「人力資源」與「技術研發」這三個項目以及其相關的周邊事物，是絕對不能節省開支的，否則沒能消除脂肪、反而傷到了筋骨，那可就划不來了。

如果沒有足夠的「資源」，至少我們還可以提供「價值」。

在我擔任某工廠的人力資源部門經理時，該公司的規模只有四十人，工廠樓上就是辦公室，所以無論是辦公環境、還是公司規模，都無法與資本雄厚的企業相提並論。我們公司能給予的薪資待遇水平，與同行相比之下，大約低了 10 ～ 20%，此時的我就得思考該如何招聘優秀人才的新策略了。

墨菲（Murphy）是巴西雙碩士畢業的高材生，在巴西當地工廠也有數年的工作經驗。當時我招聘他擔任公司的生產部管理

師時，我真沒想到他願意接受我們的薪資條件，而且他至少得騎車五十分鐘左右才能到達公司。墨菲的工作態度相當認真、績效表現也很亮眼，所以在他試用期過後，我隨即為他申請加薪並成為正職。

副總經理曾經問墨菲，為何他願意接受這份工作？墨菲告訴副總經理說：「當時在面試後，我也很猶豫。但人力資源經理很老實地告訴我公司的現況與不足之處，並表示希望我能與他一起合作來改善公司體質，這跟一般我所見過的面試官很不一樣，他們總會把自己的公司吹捧得有多麼厲害，然而到職後才發現根本就不是這麼一回事，我很欣賞這種實話實說的人，這讓我沒有被欺騙的感覺；人力資源經理自己也會固定為公司提供培訓及員工諮商，而我知道很多公司根本捨不得花錢、花時間去培育員工；當我還在猶豫該選哪間公司時，我上網搜尋了一下，才發現人力資源經理竟然是管理雜誌評鑑的華人五百大講師之一，我心想連他都願意待在這裡服務了，那這家公司肯定是深具潛力的；如果我還能跟人力資源經理學到管理的話，那麼這份投資絕對是值得的，於是我就答應了。」

改變規則，必須要有付出代價的決心與信念，但這必定會遭到既得利益者們的頑強抵抗與阻撓，只因為我們正在試圖逼迫他們跳出賴以維生的舒適區。

資源充沛確實很好用，這是不爭的事實。但能突破傳統、創新思維的，往往都是資源稀缺的人，不是嗎？

在逆境中，唯有使用非常手段，才有獲勝的機會。「置之死地而後生」，正是電影「魔球」的寫照，也是我的理念與堅持。

居安思危，戒奢以儉。

資源少有資源少的做法。但資源太多的話，有時也不見得是件好事，說不定反而是一場災難的開始。

歷史上因奢糜導致滅亡的王朝數不勝數：商紂王大興鹿台、隋煬帝逼迫百姓開鑿運河拉龍舟、清朝慈禧太后翻修頤和園…，都是歷史給予我們的教訓。

唐朝李世民之所以能開創歷史上知名的「貞觀之治」，與他虛心接受宰相魏徵的諫言，有著密不可分的關係。「居安思危，戒奢以儉」這段話，正是出自於魏徵的「諫太宗十思疏」裡。魏徵希望唐太宗能在心生欲望時思知足、欲大興土木時思停止、位處高位時思謙讓、身處滿盈時思抑退、享樂安逸時思節制、平安無事時思後患，這是一種生活的智慧與態度。

一間有著充足預算、財政充盈的企業或組織，此時手握財政大權的人，必須時刻警醒自己，絕不可揮霍無度。

一場 2019 年底開始肆虐全球的新冠疫情，為何有些企業從此煙消雲散？有些企業迄今卻依然健在？

對員工的保障與福利當然不該省，但創業家與管理者對自己的福利，則必須謹記「當省則省，一切從簡」的原則。

艾達（Ada）是位年僅三十三歲、便被外商招聘擔任專業經理人的女性。姑且不論她的工作能力如何，我只知道這是她第一次擔任總經理一職。但她有些行為，實在是令我大惑不解：艾達還沒上任，就要求把使用了八年的辦公室重新裝潢一遍，然後大至配車、自己辦公室的規模與裝潢，小到洗手間的擴香、清潔用品、零食櫃與零食…等，每項都是由艾達親選的高檔貨品，我心想這都還沒開始創造績效，就已經先花掉了數千萬新台幣了。可惜我不是艾達的朋友，否則我一定會提醒她這種做法是極其錯誤且風險巨大的，這種行徑看在員工眼裡，肯定會認為這些都只是為了滿足艾達個人的虛榮心罷了；對於董事會而言，妳都還沒創造出績效，就開始過著恃寵而驕的日子了；倘若第一年妳沒能交出亮眼的成績單，那艾達妳未來的日子肯定不會好過的。

合理的做法應該是：先創造出績效，再來要求福利待遇；不要把私人的品味放在辦公室裡。如果真想要重新裝潢或更換辦公室，也得先傾聽員工們期望辦公室變成什麼樣貌，再據此來改善也不遲。

如果我們能懂得「有水當思無水之苦」的道理，那我們就有能力在營收銳減的情況下，順利渡過危機，畢竟「由儉入奢易、由奢入儉難」。

換個思維，才有可能做到資源最大化

記得我曾接受某家模擬軟體代理商的銷售團隊邀請，於第三季開始時，指導有關銷售的技巧。當為期三個月的教導結束後，銷售團隊向總經理反映，希望我能更深入地教導銷售團隊。於是從第四季起，我便開始協助銷售團隊裡的四位銷售人員與兩位助理，開始執行改善計畫。

先說結論：第四季結束後，我們斬獲了前三季銷售量的總和，績效成長達到三倍之多。

其實我只不過是貫徹執行了兩道策略：

1. 增加溝通風格

   根據「DICS」人際溝通風格，把人區分成四種溝通方式：控制型（Dominance）、表現型（Influence）、人際型（Steadiness）和分析型（Compliance），也就是大家所熟知的獅子、孔雀、無尾熊與貓頭鷹。大多數的人都慣用一種溝通風格，少數人懂得運用到二種，但沒經過培訓而懂得運用這四種溝通風格的人，根本就如熊貓一般的稀有。所以我們會喜歡與自己溝通風格相近的人相處，正是「氣味相投、人以群分」的寫照。銷售團隊裡的六個人也是一樣的，大家都慣用自己的溝通方式去接觸客戶。所以我教給他們這四種溝通風格，並跟著他們不斷練習，直至他們都能自如地應付這四種不同溝通風格的對象、達到游刃有餘的程度為止。

2. 改變拜訪方式

在我陪同銷售團隊去拜訪客戶的過程中，我發現銷售人員缺乏有效率的拜訪計畫，平均一天只能拜訪兩家客戶。在我協助他們重新規劃行程後，他們都能做到每周只出門兩天、但每次都能拜訪至少六家以上的客戶，剩下的三天則可留在辦公室裡做處理其他行政事項，如：撰寫企劃書、整理客戶資料、學習、會議…等。

只要能夠落實「三倍」，便能活化腦袋，持續不斷地跳脫既有思考框架，創造三倍的績效自然也就能順理成章、水到渠成了。

讓我們回到前面提及的那間美商網路公司的後續吧。

當第一梯次的課程剩下九十分鐘時，我立刻改變了教學內容。

我當場播放了《型男飛行日誌》（Up in the air，2009年）裡的一段影片，由喬治‧克隆尼（George Timothy Clooney）飾演一位企業資遣專家萊恩（Ryan）正在資遣一位老員工的片段：

老員工把兩個孩子的照片展示給萊恩看，問萊恩：「你要我怎麼告訴他們？」

萊恩身旁的女助理此時搭話道：「也許你低估了積極效果，你的工作轉換，可以讓你的孩子學到這點。」

老員工此時一臉不悅地回答：「積極效果？我現在年收入九萬元美金，失業的話，每周可領二百五十美元補助金，這就是妳所說的積極效果？…沒有了公司福利，萬一我女兒氣喘發作，我就只能抱著她，因為我根本無力支付她的醫藥費。」

女助理繼續解釋道：「研究證明，兒童受到輕微的創傷，會轉而專注在學業上，作為因應創傷的方法。」

老員工瞪了女助理一眼，罵道：「少在那邊自欺欺人了！」

萊恩此時插話，向老員工提問：「你的孩子欽佩你嗎？」

老員工：「那當然啦！」

萊恩反問：「我很懷疑你的孩子真心欽佩你，鮑勃。」

老員工鮑勃此刻一臉疑惑，然後突然生氣地吼道：「嘿！你這傢伙，不是應該來安慰我的嗎？」

萊恩淡定地回答：「我不是心理醫師，鮑勃，我只是來點醒你的。你知道孩子們為何都喜歡運動員？」

老員工鮑勃：「不知道，是因為他們都受到女生歡迎嗎？」

萊恩說：「那是我們羨慕運動員的原因之一，但孩子之所以喜歡運動員，是因為他們勇於追逐夢想。」

老員工鮑勃轉頭看向旁邊，停頓幾秒後說：「我又不會灌籃。」

萊恩立即回答：「沒錯，但你會做菜。你的履歷表有寫到你曾副修法國廚藝，多數學生都會選擇在速食店打工，而

你卻在牛排館裡端盤子。大學畢業後你來這家公司，請問他們當初付你多少年薪，讓你放棄了夢想？」

老員工停了一會兒，回答道：「一年二萬七千元美金。」

萊恩說道：「你何時才願意去做讓自己快樂的事呢？我看過很多人一輩子都在替同一家公司賣命，他們跟你一樣，每天按時上下班，卻沒有絲毫的幸福感。你現在有機會了，鮑勃，這是你重生的機會，就算不為了你自己，也該為了你的孩子。」

我用這段內容，提醒在場的所有學員們，何不把這次的危機，視為你們人生的轉機呢？

我記得當時有個學員吐槽我，那是因為我沒有被裁員的經歷。我則是很慎重地回答他們這種經驗我有過，當時現場的學員們都沉默不語了。

在我好不容易找到的第一份工作、才做了五個月不到就被資遣時，我內心的那份複雜情緒是很難被形容的，只因為公司經營不善、不得不結束營業時，我們只是一般老百姓，卻要被波及，何其無辜？但也正因為如此，我提醒自己日後一定要成為被企業所需要的人，而不是拿勞基法來保障自己。我能理解被裁員的心情有多麼難受，但我也選擇與戲中的萊恩一樣，我不是來這裡安慰大家的，而是告知大家唯有接受事實，我們才能

邁出下一步，選擇在這裡自怨自艾、怨天尤人的話，這對未來一點幫助都沒有。

我當時就是用假如每年都增加績效 5 ～ 10% 的題目來問大家會怎麼做？現場幾乎是異口同聲地表示是靠增加工作時數、減少休息時間來達成的。隨著年紀漸長，技術熟練度肯定會有所提升，但我們的薪資也同時跟著增加，成本自然也是愈來愈高的。然而大家都慣於沿用美國所給的標準作業流程與技術手冊在做事，殊不知這麼做只是在增加成本而已，終究敵不過有彈性且靈活的競爭對手，那麼部門被裁撤肯定是遲早的事，只因為大家都墨守成規，懶得思考、不願打破成規，所以是你們自己害了自己，怨不得公司的無情無義。正是因為大家沒能讓公司賺到錢、卻還得支付高額的薪資成本，不垮才是不正常。

如果公司一開始就是用每年 300% 的業績成長這種大幅度的目標來要求大家的話，肯定會比這種每年 5 ～ 10% 的「溫水煮青蛙」策略來得更好。因為那時就會迫使大家去思考新方法、新策略，否則根本無法解決問題。

後來的兩個梯次，我一開場就先引用了《型男飛行日誌》的這段對白，再開始我的授課。幸運的是這家美商公司國際馳名，即便這些人被資遣了，他們都還能頂著這家公司的光環、順利找到下一份工作，前提是他們的技術能力真的得要有過人之處，否則就真的會被他人笑掉大牙了。

可以共體時艱，但千萬別苦了下屬而肥了上級。

伊森（Ethan）是一家 APP 電商通路的銷售部專案經理，只要現場是由他主持的招商場合，他所簽下的廠商數量，至少是其他銷售部門的兩倍，總經理也很希望讓他在未來能擔任更重要的職位。

然而伊森的上級艾麗卡（Elektra）卻是一位對成本控制近乎苛刻的總監。招募新人時，在最終談定的薪資上總會慣性地要砍上一刀，但這都還算不上是什麼大事。最離譜的莫過於逢年過節，她要求每位銷售最多只能鎖定送三份禮品給客戶，每份禮品的額度不得超過新台幣二百元，而且要求銷售人員在將禮物送出去以後，必須得拿回訂單，否則績效不達標。

到後來伊森都只得自挑腰包來購買禮品送客戶，但艾麗卡一心只看績效結果而忽略過程。儘管伊森的業績始終是公司第一，但為何伊森最終還是選擇離職呢？這是因為總經理雖然口頭承諾給伊森更高的位階，卻讓艾麗卡這樣的人繼續擔任伊森的上級，擺明了就是不信任伊森，而且對成本控制的默許，恰巧也說明了總經理的內心，其實是更在意「成本」這件事。

無論是管理者還是創業家，我們心中都應該明白成本控制並不只是單純的看數字而已，還得看創造了多少價值。

當員工領的錢愈少，其「從業動機」當然也會隨之降低。管理者美其名要員工共體時艱，但自己的福利待遇可是一樣都沒

少，這看在部屬眼裡，就是一種相對剝奪感，會讓部屬的內心孳生出不平衡的情緒，一旦突破臨界點，後果將難以收拾。

1883 年，全球鋼鐵價格暴跌，讓許多鋼鐵廠面臨倒閉的危機。但鋼鐵大王安德魯・卡內基（Andrew Carnegie）是位重視員工、願意支付高薪聘請優秀人才的創業家，所以他的工廠產能比起其他同行，總能維持在高產量的水平上。但此刻他所遭遇的危機，極有可能迫使工廠關門倒閉。

卡內基與經營團隊歷經多次的討論，仔細分析並權衡「裁員」與「減薪」這兩者之間的利弊。結果顯示倘若員工能接受減薪13%，工廠便不需要裁員。於是卡內基向公會表明這項方案，並公開所有帳目，讓員工親眼確認公司當前的困境。

要知道在美國，工會的力量是非常強大的，勞資協商往往都是困難重重，畢竟勞工是弱勢方，所以極受工會保護。然而卡內基工會領導人非但同意了減薪方案，還主動勸說全體勞工都應該接受此一提案。工會還公開讚揚卡內基的管理方式，因為過往都是資方片面宣布減薪或裁員，但卡內基卻選擇開誠布公，此一方式贏得了全體員工的認同與讚賞，卡內基鋼鐵廠得以順利渡過危機。

馬雲曾被問到員工離職的原因，他話說得很簡單、卻極其到位：**「錢，沒給到位；心，委屈了。」**

後記與謝詞 1

不忘初心、堅持初衷

金宏明

新北市 / 台灣 /2023 年

感讚主，我終於完成了這本書的撰寫。

這是數十年來，我對自己的承諾，也是希望能藉此機會，留給後輩一點可以學習的隨筆、為我的人生增添一份走過的痕跡。

我自知不是個聰明的人，所以我只能努力地學習；我沒有偏財運，所以我選擇一步一腳印在職場上拚搏；後來的我才知道自己有多麼喜歡低調的生活，所以我喜歡把時間留給自己獨處，也不再迷失於掌聲中；知道自己沒有當老闆的命，所以對於擔任文膽、軍師、幕僚這種幕後工作甘之如飴，因為這是我現在的性格。

也許是我對文字有強迫症，所以無論我反覆修改過多少次，始終都沒有感到滿意的一天。明明已經躺在床上準備就寢了，但突然間的靈光一閃，我還是會立即跳起來、打開電腦、開始撰

寫及修改。所以我有無數個睡眠不足的日子，即使隔天一早我還有其他的工作等著我。

所以我得時刻提醒自己，必須接受不完美。「留得青山在，不怕沒柴燒」，只要身體健康、腦筋好使，就有繼續寫作的可能。

電影《追夢赤子心》（RUDY，1993 年）是以大學美式足球球員、勵志演說家魯迪‧休廷傑（Rudy Ruettiger）的生平為主題，儘管面對重重險阻，他依然執著地追逐為聖母大學打橄欖球的夢想，最終獲得上場的機會。

該片裡有這麼一段話發人深省：「**夢想，可以讓人在枯燥乏味的工作與生活裡得以忍耐**」。反過來講，夢想是需要忍受寂寞的。

不知道從何時開始，經歷了這麼長時間的工作，我們早已失去了夢想與激情，所以很多管理者想要儘快用流程、制度、規章來解決事情，卻忽略了處理心情的重要性，以及忘記人與人之間存在溫度的事實，此刻的你還在捍衛夢想嗎？

很多人談到工作，總會提到各式各樣的抱負。但事實上能達成自己目標的人卻少之又少，背離初衷的人反而愈來愈多，正如諺語所言「學者如牛毛，成者如麟角」。理由很簡單，因為很多人都逐漸被忙碌的工作給累到麻痺了，他們只記得每份工作

所帶給他們的無力感、壓力與負擔，卻忘了在實現抱負的過程中，這些都是必須付出的代價，如此而已。

工作對於很多人來說，其實說穿了，就是為了生活討碗飯吃，沒有什麼特殊的理由，所以我們沒有必要刻意去美化或包裝這些表象，更不需要以此來阿諛奉承你的上級。已近花甲之年的我，不敢自詡閱人無數，但也算是看盡職場裡的人來人往，我相信每個人初入職場時，都充滿著夢想與抱負，但現實的生活卻是「只有少數人才能領悟到工作對於生活，是個什麼樣的關係」。

在這裡，我想向大家提個問題：「**你覺得工作與生活，哪個比較重要？**」我相信多數人最終還是會選擇生活的。如果各位真心覺得生活比較重要的話，何不大大方方地把如何讓生活變得更精采的想法給說出來呢？

工作，只是生活的其中一部份、而非全部。支持你生活的要素，不僅僅只有工作而已。但不可諱言的，收入的確是支撐生活的最基本單位，有了收入，生活才能繼續，而收入愈高，自然就愈能改善生活水平。但想要追逐夢想談何容易？面對不確定的未來，我們只能把握當下的生活。

只要你先搞清楚自己想要過什麼樣的生活，那麼這個決定就會決定你日後工作的樣貌。我個人並不相信工作與生活能獲得平衡這種說詞，但我深信：「**唯有工作態度先得到導正，生活**

品質才有可能獲得改善」的道理，這樣最起碼我們就能做到工作與生活的融合。

也許有人看完《追夢赤子心》這部電影後，會有一種感覺，那就是像片中主角魯迪那樣努力了這麼久，最終只得到了二十七秒的上場機會，這值得嗎？我不是魯迪本人，沒資格代替他回答這個問題，但我很想問問大家對該電影另一段情節的看法：當有隊員對魯迪那種不要命的陪練方式感到極度不滿、向教練抱怨時說：「這傢伙把練習當成超級盃足球賽在打了！」結果教練當下立即斥責起該名球員，說道：「你恰好把你的悲慘職業生涯，用一句話給總結了。如果你有魯迪十分之一的努力，你早已成為明星球員了。」

所以我認為這部電影並不是在討論「夢想」，而是「決心」與「堅持」。

我相信現實裡的各位，資質肯定都遠勝過魯迪，但我們都沒能擁有魯迪那種不達目標、誓不罷休的拚搏決心，面對這麼多次的挫敗，他依然勇往直前、不忘初衷地堅持下來。更幸運的是當他開始灰心喪志、正打算放棄夢想之際，有位好的導師能讓他重燃夢想之火，只因為他曾經是那麼地渴望達到目標。

另外，曾經有好幾位朋友問過我，為何我這麼樂於付出、卻從不要求回報？個人認為這是因為我的心中有個信念。

至於是什麼信念呢？讓我為各位說個故事吧！

請問大家是否有過被搶劫的經驗？我有，曾在國外自助旅行時發生過。

當天是非假日的周五，我一個人在當地古蹟裡閒逛，三個年輕人趁四下無人時走過來圍著我，要我交出財物，我心想只要能活著就好，便把身上的現鈔都交給對方。但我還得回去飯店，卻沒有足夠的現金讓我搭乘計程車，所以我只能順著道路、憑著記憶走回去。就在我帶著沮喪的心情時，一部計程車行駛過來，停在我身邊，並示意我上車。

然而我身上並沒有錢，所以我拒絕了。

但司機大哥很有趣，他竟然告訴我說絕不會收我的錢，我當場愣住，事實上我是真的需要被載一程，但又怕被二度洗劫，所以我當時的眼神，肯定是既期待、又怕受傷害的模樣，不可置信地看著司機大哥。但司機大哥看起來人很和善，而且他還發誓強調絕對不會收我的錢，所以我上車了，但我依然很擔心，所以手一直抓著門把，為隨時跳車做足準備。

我們兩人一路無話，但我心想這實在是很不禮貌的行為，我都免費搭乘別人的車了，所以我還是得先開口以表謝意。司機大

哥聽後只是微微笑了笑，這下子我就更不好意思了，所以我忍不住地問了司機大哥：

「請問大哥，為何你要免費載我？」

司機大哥：「小兄弟，是這樣的。我剛剛在古蹟外頭的管理局，正等著有無客人要回市區，結果管理局接到醫院打來的電話，說我太太順利生產了，是個男孩，所以我當下發誓，要把這份喜悅，分享給我第一個見到的陌生人，而你，就是我開車所看見的第一人。」

我說：「恭喜大哥了，母子倆都平安吧？」

司機大哥：「是的，我也很開心，這是我們的第一個孩子。」然後司機大哥給我分享他太太的照片，我們就這麼一路聊開了。

大約五十分鐘後，我被司機大哥載回我下榻的飯店，此時我跟司機大哥說：「大哥，很抱歉，我今天遭遇了搶劫，所以我手頭沒有現金，但我有旅行支票，周一就可到銀行兌換。如果大哥你不介意的話，周一早上九點後，能否請你來飯店一趟，我把車資給你，順便買份禮物送你，為你的太太及孩子慶祝如何？」

此時司機大哥開門下車，然後走到我的跟前，用他溫暖的大手握住我的雙手，說道：「很抱歉，讓你有了這麼不愉快的旅遊經驗，但請你要相信我，我們國家並沒有那麼多的壞人。我已經承諾不收你的錢，就絕對不會拿你一毛錢；

我也不需要你的報答與感謝，但我請你務必要答應我一件事：從今以後，如果他人有難、而你有能力時，請你一定要無償地提供對方協助，這比直接回報我更令我感到開心，可以嗎？」

此時我眼眶一紅，二話不說地立即點頭答應了。然後司機大哥緊緊地抱著我幾秒後，便驅車離開了。

到現在，我都為我忘記問對方叫什麼名字而感到愧疚。

但也正因為如此，當我曾經迷失自我、然後又有機會重新站起來時，我突然想起這位司機大哥對我的無私奉獻，讓我還沉浸在被搶後的失落情緒裡，迅速地振作起來，那種溫暖的感受，真的很難用筆墨來形容。自此，我也立誓要成為一位能夠給予他人無私付出、帶給他人溫暖的人；而當我自己需要接受他人幫助的時候，我也選擇不再逞強，而是大方地開口說我需要被協助。

從此心存感激與不忘初衷，成為了我的習慣，而習慣逐漸改變了我的性格。

傑出的管理者與領導人都深黯「學無止境」這個道理，「終生學習」是我們一輩子的功課，因為學習令人謙遜，也帶給我們愉悅。

優秀的管理者從不擔心自身的專業與權威受到挑戰，反而會對
「志得意滿」心生畏懼。

專業知識的陷阱雖然常見且極具危險性，但我們絕對可以完美
地避開這道陷阱，只要我們謹記幾個重點：動態評估我們的
專業身分、驗證我們的假設、積極傾聽團隊成員不同的聲音、
尋找學習榜樣、挑戰新事物，以及我們從錯誤中學到了什麼教
訓。只要我們時刻保持初學者之心，配合專家觀點，就能提升
創意和績效，不斷地超越自我、達到新高度。

本書中沒有提出任何新的管理論述，只是把我個人在運用這些
大師的論述以及我認識的導師們，所彙整的心得而已。我一向
堅持「盡信書，不如無書」的原則，所以我不會盲目地接受任
何新觀點，唯有透過實際驗證有效後，才會編入內容。

我的知識有限、詞藻匱乏，數個月來的編撰與彙整、以及反覆
的校稿與修改，只希望能帶給讀者們簡單易讀的知識與心得，
改善當前華人管理能力低落的現實，讓我們的企業能在國際舞
台上，具備與其他企業相抗衡的底蘊，這就是我撰寫這本書的
初衷。倘若能因此帶給大家一點觸動，激勵大家做出行動，那
肯定是再好不過的事了。

謝辭

感謝我的父親，讓我這個沒有耐心的孩子，能懂得靜心。從
小，我父親就要求我下課回家不准先看電視、不許找朋友玩

樂，而是好好地跪在書桌前磨墨，仔細認真地寫下三張書法後，交給父親批閱，之後才能開始玩樂。但為了看自己喜歡的卡通，我偷偷用現成的墨汁，略過磨墨階段，下場就是被父親要求重寫；我把字帖墊在宣紙下描，也是被父親要求重寫；我邊看電視邊寫，被父親發現我的不用心而要求重寫…。終於我明白了，只要認真地、一筆一畫地寫完，就不必再重寫。就這樣，一寫就寫了九年。雖然我的毛筆字實在是不怎麼好看，但父親知道我的個性很浮躁，便用書法來磨練我的耐心，這也對我後來的學習，奠定了良好的基礎。

感謝我的母親，雖然沒念過書，但對我們姊弟三人的教育，尤其是人格，是絲毫沒有妥協空間的，這便是我們三個人都能堅守價值觀與為人處事基本原則的理由，只要是不正確的事，即使誘惑再怎麼吸引人，我跟姊姊們都是直接拒絕、沒有絲毫猶豫的。

感謝我的大姊明珠與二姊明月（兩人的名字像不像武俠小說裡的人物？），我這小弟承蒙妳們兩位多照顧了。

感謝林嘉怡與林俊安這兩位姊弟，如果沒有你們的發掘、沒有你們的信任，我是絕對沒有機會走進企業管理這個領域的。

感謝朱鳳麟、楊望遠、與蔡印鐘三位恩師的教導，沒有你們的耐心教導及以身作則，就不會有今天的我。

感謝楊芳婉、彭亦君、孫儀珊、陳政廷、沙斌、楊志鈴、游家宜、陳慧燕、高令儀、張天豪…還有許許多多的夥伴與朋友們，正因為有你們對我的直言不諱與真誠，才能讓我有勇氣面對真實的自我而持續完善。

感謝李啟銓醫學博士，開啟了我對管理概念也可以結合醫學理論的新觀點。李醫師把我的身心都調理得很好，都這把年紀了，竟然還沒有三高，實在是很了不起。

感謝周爾思，沒有妳的廣播節目，我就沒有機會發現新世界；沒有妳對我無條件的支持與信任，這本書是絕對不可能完成的。也感謝妳身邊的頭號粉絲黃淳雄，讓我明白只要用心，肯定就會有死忠粉絲的存在。

感謝詹麒霖與其夫人大寶，沒有你們與我共同完成此書，內容肯定要失色不少。

感謝上野日式料理的吳老闆，你的料理不僅平價、美味、創新，還教會我從隨便吃到懂得吃，讓我能靜下心來好好地享用美食；感謝佐曼咖啡館的 Peter，你對品質的堅持以及對服務的熱忱，讓我在你的店裡總能享用到高品質的咖啡與餐點，讓我疲憊的身心，瞬間就得到了療癒。

感謝陳慶顯與韓捷，看到你們兩位年輕人的努力，我就對新世代年輕人的前途充滿了希望。知道你們兩人正在籌備新事業，

我預祝你們一切順利，有任何需要我的地方，當竭盡所能為你們服務。

感謝那些曾經被我得罪過、傷害過的人，讓我的溝通能力與人格得以浴火重生，請接受我最真摯的歉意、並請原諒我的無知。

要感謝的人實在太多了，至於那些未被提及的遺珠之憾，還請各位多多見諒。僅以一句感謝，來表達我的銘感五內。願我們離下次見面的時間不會太久，祝願各位身心健康、事業順利、闔家平安。

後記與謝詞 2

擁抱過去，創造未來

詹麒霖

紐約市 / 美國 /2023 年

自卑難過太容易

我們往往低估了正面思考的力量，所以總是任由負面情緒毫無理由地膨脹，直至完全吞噬我們。

有無數個夜晚，當我站在位於紐約布魯克林的自家中，望向窗外的夜景，頓時感到極度失落。寂靜的夜空、徐徐的微風、遠方的車水馬龍，彷彿都在提醒我的孤單。

儘管我努力讓自己維持樂觀，但內在的負面情緒彷彿就要壓垮了一切。突然間我覺得自己迷失了方向。雖然我有愛我的家人、可愛的孩子、穩定的工作，但仍會感到無盡的空虛。想到當初留學資訊工程的同學們，他們現在已在美國的大公司擔任重要職位、住在加州豪宅、獲得美國綠卡或公民身份，成為人

生贏家；即使是那些選擇留在台灣科學園區的同學們，也應該早已成為了科技新貴吧！

我不禁在想，如果我畢業後就選擇留在美國工作的話，或許我現在也會在知名科技公司裡有良好的發展；抑或是我能在創業時調整方向、再多堅持那麼一點點的話，也許我現在也是知名的創業家了。當時我與夥伴們推出了一項在當時堪稱全世界最先進的物聯網產品，也許是我們的資金不足、也有可能是我們幾個不懂得經營與行銷，在公司結束的三年後，物聯網才開始興盛。可見創業有時候還真的只不是看產品的好壞而已，天時、地利、人和與機運，缺一都不行。

理性告訴我，我應該要放下過去、展望未來的，但灑脫哪是這麼輕易說到就能做到的呢？往往在這樣的漫漫長夜裡，喝著自己調配的檸檬威士忌可樂，回憶起歷歷往事，我還是很容易感到惆悵。

還記得十二年前的約定嗎？

直到 2023 年初，我收到一封來自台灣的電子郵件，打破了我的消沉。

這封信不是來自我已失去聯繫的朋友或家人們，而是來自我多年前的人生導師及朋友－金老師。

回憶起十二年前、在我創業初期時，金老師就曾提過與我共同撰寫書籍的構想。當時我們甚至都開始撰寫了數篇草稿，也討論過好多次。當時的我充滿活力，每天都在追逐自己的夢想，我想要創建一間偉大的公司，運用科技的力量，打造撼動人心的產品，成為一名成功的企業家，為國家及社會做出貢獻，然後把我的成功經驗寫下來、分享給大家。

然而現實是殘酷的。

在過去的數十年，我遭遇了無數次的挫折與挑戰，包括親手結束了我一手創辦的公司、數次的工作轉換，從此放棄了寫作的夢想。

直到當我再次收到金老師的來信、重提了這個約定時，我覺得這是一個讓我重新出發的好機會。正是因為這封信的到來提醒了我，即便我們面對困難、喪失信心，但如果我們的身邊有支持我們的人，我們就能重新拾起初衷、找回方向。我真沒想到金老師竟然把這事一直都掛在心上，金老師果然是一位重諾之人，難怪我和太太大寶都十分敬重他。

遙想起當年失去的朋友們，以及那些遭受逆境、甚至走到絕境的人。我不禁在想：如果他們也能像我一樣，身後能擁有家人以及金老師這樣無條件支持的人，也許他們的命運將會大不同吧！

那些人生勝利組的朋友，也許他們的成功，不僅僅是專屬他們自己的，更是屬於那些在他們身後默默支持的家人、子女、親友與師長們吧？！

每個人對成功的定義各有不同的解讀，個人認為成功不應該僅僅被定義為事業上的成就、或者是金錢、財富、地位…等這些流於表面的物質。重視我們的家人和社區、珍惜我們的健康和幸福、我們人生的意義、堅持我們的信仰和價值觀，我覺得這些看似理所當然的事，才是成功的本質，至少我是這麼堅信的。

重拾人生意義

金老師的來信，不僅讓我想起了我們的約定，也讓我重拾曾經失去的人生意義。

回想起當時和金老師一起討論這本書時，當時充滿了憧憬，而現在的我卻充滿了挫折感。我未能成為成功的企業家、也沒有成為公司高層管理者，我現在的工作並不需要我過去的創業和管理經驗。在這種情況下，我還能為這本書做出什麼貢獻呢？

但是金老師並沒有放棄我，反覆地與我通信、線上溝通、還把本書的大綱與架構與我分享。思來想去，在諮詢母親及太

太的意見後，我決定鼓起勇氣、接受金老師的邀請，我覺得
這是一個重新檢視和評估自己的好時機。

我決定重新開始。

我們首先確定這本書的定位。我們想要寫的，不是長篇大論
的技術手冊，而是一本描述我們身為一個台灣與世界職場工
作者的經歷、成就和挫敗的故事。也許我們的故事，正是許
多人共同擁有的經歷吧！

有了這個想法之後，我突然發現自己其實也沒有想像中的那
麼不堪。回首往事，我也曾是一名充滿熱情的創業者。但為
了家庭，我必須做出艱難的決定－離開我創辦的公司，轉而
投身大企業服務。或許旁人無法理解為何我要放棄這曾經擁
有的一切，但是我認為當下我確實是做出了明智的決定。

這或許也是我們想要撰寫這本書的初衷吧！

我們想把自己的職場與人生經歷，分享給那些正在經歷人生
挑戰的人們。我們期望大家可以從我們的故事以及分析裡，
找到一絲慰藉、勇氣和力量。我更希望大家能了解，即便我
們的人生並沒有完全按照原先預想的道路進行，但我們仍然
可以擁抱我們過去，從中找到意義和價值，以此契機展望新

的未來。正是這些挫折，讓我們變得更堅強、更成熟、更懂得珍惜。

謝辭

感謝金老師的信任，給了我這個機會，參與這樣有意義的出版計畫，我們從自己的失敗和成功的歷練裡，提煉我們認為有助於各位的觀點。對我而言，這不僅是一個幫助他人的機會，更是治療自己的過程。

借此機會，我想好好感謝我的母親雪莉。她在勤勞工作的同時，竭盡全力地照顧我和我的妹妹，使我能夠享受良好的教育、出國留學、支持我的創業夢想。母親無私的愛和犧牲，是我依然能夠站在這裡的重要因素。

感謝我的太太大寶。從創業失敗、多次轉職，到現在共同撫養我們的孩子，她一直是我的堅強後盾，默默地支持我，耐心地承受我的幼稚。正是她的堅持和支持，讓我能夠繼續前進，不至於迷失自我。

我也要感謝我的兒子 Giambi。在我失意、失去生活動力與方向時，他成為我堅持下去的動力。他的笑容、他的成長，帶給我無數的快樂回憶，並讓我重新找到人生的重心。

要感謝的人實在太多了，好同學、好同事、好夥伴。沒有你們的支持、鼓勵和陪伴，我的人生肯定很無趣。是你們讓我的生活充滿色彩，也幫我度過了許多難關。

最後，更要感謝各位讀者們，謝謝你們願意花時間閱讀本書，希望這些故事和經歷，能夠帶給你們一些啟發，讓你們可以勇敢地面對人生的挑戰。再次感謝你們。我們的旅程尚未結束，讓我們一起繼續努力，創造更美好的未來。

再次感謝所有支持我們的人。我們永遠不會忘記你們的。讓我們一起攜手向前，因為我堅信：一切皆有可能。

國家圖書館出版品預行編目 (CIP) 資料

管理者的自我變革 / 金宏明, 詹麒霖作 . -- 第
一版 . -- 臺北市 : 薪傳國際管理顧問有限公司 ,
2023.12
　面 ;　公分
ISBN 978-986-97320-1-7(平裝)

1.CST: 管理者 2.CST: 組織管理 3.CST: 職場成
功法

494.2　　　　　　　　　112019747

管理者⑩自我變革

作　　者　金宏明、詹麒霖
總 編 輯　周爾思

發 行 人　黃淳雄
出 版 者　薪傳國際管理顧問有限公司
　　　　　地址：台北市 100 中正區忠孝西路一段 66 號 28 樓
　　　　　電話：+886-2-77135616

總 經 銷　商鼎數位出版有限公司
　　　　　地址：235 新北市中和區中山路三段 136 巷 10 弄 17 號
　　　　　電話：(02)2228-9070
　　　　　傳真：(02)2228-9076
　　　　　網路客服信箱：scbkservice@gmail.com
定　　價　新臺幣 420 元

商鼎官網　　　来出書吧！

2023 年 12 月 1 日出版　第一版／第一刷

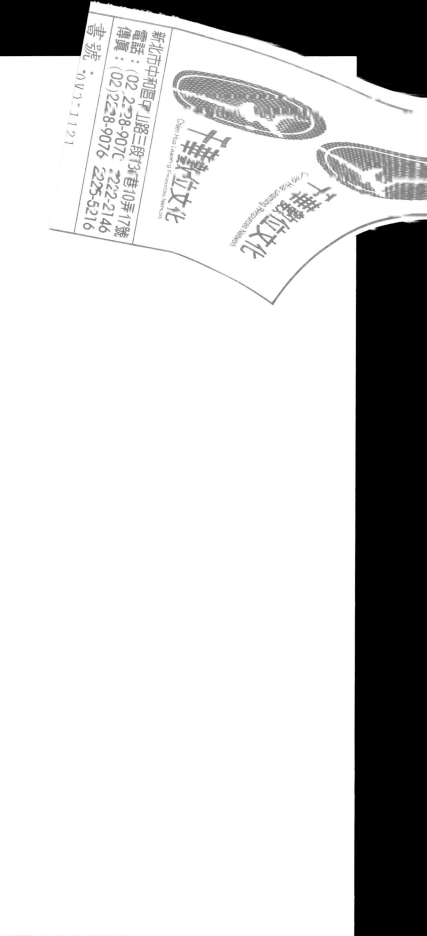

千華數位文化
Chien Hua Learning Resources Network

新北市中和區中山路三段136巷10弄17號
電話：(02)2228-9070 · 222-2146
傳真：(02)2228-9076 · 225-5216
書號：0V3-1121